全国测绘地理信息职业教育教学指导委员会"十四五"规划教材

新形态立体化教材

摄影测量基础

（第二版）

主　编　王　敏　刘小慧

副主编　王冬梅　万保峰

主　审　李军杰

WUHAN UNIVERSITY PRESS

武汉大学出版社

全国测绘地理信息职业教育教学指导委员会"十四五"规划教材

新形态立体化教材

摄影测量基础

（第二版）

主　编　王　敏　刘小慧
副主编　王冬梅　万保峰
主　审　李军杰

武汉大学出版社

图书在版编目（CIP）数据

摄影测量基础/王敏,刘小慧主编 . —2 版.—武汉:武汉大学出版社,
2023.9
全国测绘地理信息职业教育教学指导委员会"十四五"规划教材
ISBN 978-7-307-23779-7

Ⅰ.摄…　Ⅱ.①王…　②刘…　Ⅲ.摄影测量学—高等职业教育—教材　Ⅳ.P23

中国国家版本馆 CIP 数据核字（2023）第 095407 号

责任编辑:胡　艳　　　责任校对:李孟潇　　　版式设计:韩闻锦

出版发行:**武汉大学出版社**　（430072　武昌　珞珈山）
　　　　（电子邮箱:cbs22@ whu.edu.cn 网址:www.wdp.com.cn）
印刷:武汉科源印刷设计有限公司
开本:787×1092　1/16　印张:14.25　字数:301 千字
版次:2011 年 9 月第 1 版　　2023 年 9 月第 2 版
　　2023 年 9 月第 2 版第 1 次印刷
ISBN 978-7-307-23779-7　　　　定价:49.00 元

前　　言

随着计算机立体视觉、数字图像处理、模式识别等技术的发展与交融，摄影测量应用越来越广泛和普及。摄影测量是现代测绘技术体系中的重要分支，摄影测量课程是测绘地理信息类众多专业必修课中的一门基础课。

本书结合行业发展现状及学生认知规律，以阐明基本理论、突出技能训练和培养综合能力为宗旨，通过高校教师与企业能手有效合作，重新梳理并调整了内容结构。基于项目导向、任务驱动的模式，根据摄影测量工作流程，按照技术设计、外业数据采集、内业空三加密和数字测绘产品制作的架构，对摄影测量各阶段必备知识和实操技能进行系统阐述，较为全面地介绍了摄影测量工作。书中配套系列微视频资源，有结合实例的摄影测量技术设计、无人机航飞操控，以及常用摄影测量软件的讲解操作，将抽象理论与生产实践最大程度相对接，以期通过理实一体有效结合，辅助读者进一步理解理论和生产应用。

为了便于读者更好地理解和识记，在每个学习任务结束后，附有任务结构图，让知识点及其间逻辑性更加清晰明了。为进一步引导读者了解测绘行业，在每个项目还设置了"思政小课堂"，通过典型人物、生动事迹和丰富案例描述，强调从业者应具备爱国敬业、工匠精神、保密意识等职业道德和职业品质。

本书由昆明冶金高等专科学校王敏担任主编，负责大纲拟定、全书统稿、微视频资源编辑与制作。参与编写者有：北京四维远见信息技术有限公司李军杰、江苏省测绘工程院导航定位中心王勇、云南省遥感中心李正会、昆明麦普空间科技有限公司罗文生、昆明冶金高等专科学校万保峰、黄河水利职业技术学院王冬梅、宁夏建设职业技术学院刘小慧、内蒙古建筑职业技术学院冯雪力、云南国土资源职业学院冯耀明。具体分工为：项目1由刘小慧、王敏编写，项目2由王勇、王敏编写，项目3由万保峰编写，项目4由冯雪力编写，项目5由王敏、罗文生编写，项目6由王冬梅编写，项目7由冯耀明、王敏编写，项目8由李正会、李军杰编写。

武汉大学出版社对于本书出版给予了极大支持，在此表示衷心感谢。在本书编写过程中，参阅了大量文献资料，在此谨向有关作者深表谢意。本书微视频资源中有关MapMatrix软件的操作讲解，由武汉航天远景公司的陈全喜(音译)和魏敏录制，无人机组装与操作视频由云南源节点信息技术有限公司的赵波录制，在此表示特别感谢。思政小课堂部分素材来源于网络，在此对原作者表达诚挚的感谢。

由于编者水平有限，书中难免存在不足与不妥之处，敬请读者批评指正。

编者

2023 年 3 月

目　　录

项目 1

课程导入

☞ 项目导读

便于较好地理解摄影测量，为后续项目的学习和摄影测量工作的开展奠定必要的知识储备，本项目从摄影测量的基本概念、摄影测量常用的坐标系统、摄影测量的内外方位元素、共线方程等多个方面进行介绍。

☞ 学习指南

了解摄影测量的概念、分类和生产流程，理解摄影机的分类方法，掌握航摄像片投影变换的几何特性、内外方位元素、常用坐标系统间关系，理解共面方程和共线方程的基本概念及其应用。

任务 1.1　摄影测量基本概念

1.1.1　摄影测量的任务与分类

摄影测量（Photogrammetry）是对非接触成像系统获取的影像与数字表达的记录进行量测和解译，从而获得被摄物体的形状、大小、位置、性质和相互关系的一门科学和技术，摄影测量生产流程见图 1-1。摄影测量有着悠久的历史，从模拟摄影测量开始，经过解析摄影测量阶段，现在已经进入数字摄影测量时期。它包括的内容有：获取被研究物体的影像，单张和多张像片处理的理论、方法、设备和技术，以及将所测得的成果以图形、图像或数字形式表示出来。

摄影测量的主要任务是测制各种比例尺地形图，建立地形数据库或数字地面模型，进行影像的分析与应用，为各种地理信息系统（Geographic Information System，GIS）和土地信息系统（Land Information System，LIS）提供基础数据。因此，摄影测量在理论、方法和仪器设备方面的发展都受到地形测量、地图制图、数字测图、测量数据库和地理信息系统的影响。

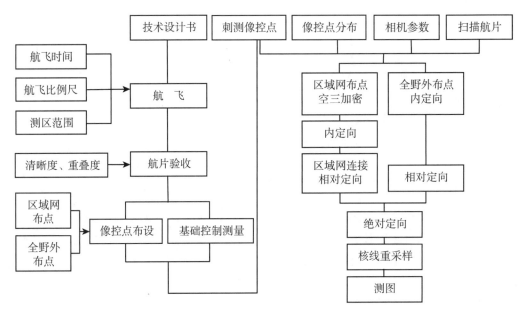

图 1-1 摄影测量生产流程

摄影测量的主要特点是在像片上进行量测和解译，不需接触被测物体本身，因而很少受自然环境和地理条件的限制。像片及其他各种类型影像均是客观物体或目标的瞬间真实反映，信息丰富、形象直观，人们可以从中获得所研究物体的大量几何信息和物理信息。摄影测量成图快、效率高，相比传统测量具有无法比拟的优越性，是近些年来测绘科学发展的前沿技术，在国家建设和抗震减灾中发挥越来越大的作用。摄影测量产品形式多样，可以生成纸质地形图、数字线划图（Digital Line Graphics，DLG）、数字高程模型（Digital Elevation Model，DEM）、数字正射影像（Digital Orthophoto Map，DOM）和数字栅格地图（Digital Raster Graphics，DRG）等产品。DLG、DEM（DTM）、DOM 和 DRG 合称为 4D 数字产品。

现代航天技术和计算机技术的飞速进步，使得摄影测量的学科领域更加扩大了。可以这样说，只要物体能够被摄成像，就都可以使用摄影测量技术以解决某一方面的问题。被摄物体可以是固体、液体，也可以是气体；可以是静态，也可以是动态；可以很微小（细胞），也可以非常巨大（宇宙星体）。这些灵活性使得摄影测量成为可以多方面应用的一种测量手段和数据采集与分析的方法。

摄影测量按不同的标准，可有多种分类。

按摄影机与被摄物体距离的远近分，可以分为航天摄影测量、航空摄影测量、地面摄影测量、近景摄影测量以及显微摄影测量。航天摄影测量（Spatial Photogrammetry）多指位于 200km 高空以上的高清晰卫星影像测量，即将摄影机（此时称作传感器）安装在人造卫星、航天飞机上，也称为遥感技术，用于资源调查、环境保护、灾害监测、地形测绘或军事侦察等领域，也用于气象、农业、林业等领域。航空摄影测量（Aerial Photogrammetry）是指将摄影机安装在飞机上，对地面进行摄影，主要用于地形测量，是摄影测量最主要的方式，也是本书主要讲述的内容。地面摄影测量（Terrestrial Photogrammetry）是指将摄影机安装在地面上对目标进行摄影，用于小范围的地形测量和工程测量等。通常把用于非地形测量目的的地面摄影测量称为近景摄影测量（Close-range Photogrammetry），物距范围不大于 300m（也有文献定义为 100m 以内）。显微摄影测量（Microphotogrammetry）是指通过显微装置获取微小物体图像进行相应处理的一种摄影测量方法。

按用途划分，摄影测量可以分为地形摄影测量、非地形摄影测量。地形摄影测量主要用于测绘各种比例尺地形图、专题图、正射影像图以及景观图等，还可用于工程勘察设计和城镇、农业、林业、交通等各部门的规划与资源调查用图及建立相应的数据库。非地形摄影测量则不以测制地形图为目的，而是主要研究物体的形状和大小，广泛应用于科学技术的各个领域和国民经济的各个部门，如用于解决资源调查、变形观测、环境监测、军事侦察、弹道轨道、爆破等，以及工业、建筑、考古、地质工程、生物和医学等各方面的科学技术问题。

按发展历程分，摄影测量可以分为模拟摄影测量、解析摄影测量和数字摄影测量。模拟摄影测量阶段是利用光学或机械投影方法实现投影过程的反转，其成果为各种图件，如地形图、专题图等。解析摄影测量是以电子计算机为主要手段，实时进行共线方程、共面方程等数学模型的计算，确定被摄物体的空间位置，用"数字投影"代替了"物理投影"。数字摄影测量则是通过对数字/数字化影像进行处理，自动/半自动地提取被摄对象数字形式表达的几何与物理信息，从而获得各种形式的数字产品和目视化产品。解析摄影测量和数字摄影测量除可以提供各种图件外，还可以直接为各种数据库和地理信息系统提供基础地理信息。

摄影测量三个发展阶段的特点对比见表 1-1。

表 1-1　摄影测量发展阶段特点表

发展阶段	原始资料	投影方式	仪器	操作方式	产品
模拟摄影测量	像片	物理投影	模拟测图仪	手工操作	模拟产品
解析摄影测量	像片	数字投影	解析测图仪	机助业务员操作	模拟产品数字产品
数字摄影测量	数字化影像数字影像	数字投影	计算机	自动化操作+业务员干预	模拟产品数字产品

1.1.2 航空摄影机

摄影按照小孔成像原理进行。在小孔处安装一个摄影物镜，在成像处放置感光材料，物体经摄影物镜成像于感光材料上，感光材料受投影光线的光化作用后，经摄影处理获得景物的光学影像。

如图 1-2 所示是航空摄影机的一般结构，它主要由镜箱（包括外壳和物镜筒）、暗箱、座架以及控制系统等设备组成，是一种专业的摄影机。我国和美国、德国、瑞士等国均有航空摄影机产品。用于航空摄影测量的航空摄影机，其承片框处于固定不变的位置，航空摄影机物镜中心至底片面的距离是固定值，称为航摄机主距，常用 f 表示。主距之所以可以固定，是因为航高相对于摄影机主距很大，它近似于无穷远成像，所以主距约等于摄影机物镜的焦距。设计摄影机结构时，要求像片主点应与框标坐标系原点重合。由于制造技术上的误差，常常达不到完全重合的要求，但是必须精确地测定出像片主点在框标坐标系中的坐标值（x_0，y_0）。像片主距 f 和像片主点在框标坐标系中的坐标（x_0，y_0）称为摄影机的内方位元素，或叫做像片的内方位元素，它能确定物镜后主（节）点在框标坐标系中的唯一位置，内方位元素的数值一般是已知的。

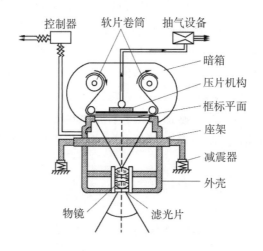

图 1-2　航空摄影机结构示意图

航空摄影机除了有较高的光学性能外，还应具备摄影过程的高度自动化。航空摄影机上还有压平装置，有的还有像移补偿器，以减少像片的压平误差与摄影过程中的像移误差。

航空摄影机的像幅有 18cm×18cm 与 23cm×23cm 两种，现代航空摄影机多用后者。航空摄影机通常根据其主距或像场角大小进行分类，实际应用过程中，应根据摄影要求的不同选用不同型号的摄影机。

（1）根据摄影机的主距不同，航空摄像机分为短焦距航摄仪、中焦距航摄仪和长焦距航摄仪三种，见表 1-2。

（2）物镜焦平面上中央成像清晰的范围称为像场，像场直径对物镜后节点的夹角称为像场角 2β。根据像场角的大小，摄影机可分为常角、宽角和特宽角三种，见表 1-2。

表 1-2　航空摄影机分类

像场角（2β）	焦距类别	焦距范围	
		18cm×18cm	23cm×23cm
常角（<75°）	长焦距	≥200mm	≥255mm
宽角（75°~100°）	中焦距	80~200mm	102~255mm
特宽角（100°）	短焦距	≤80mm	≤102mm

根据表 1-2 和图 1-3，当像幅固定时，摄影机的焦距和像场角具有相应的关系。在航高固定时，摄影机的像场角和主距决定了所摄地表面的面积，像场角大、主距短，摄得的面积大，摄影的比例尺较小；反之，像场角小、主距长，摄得的面积小，摄影的比例尺较大。

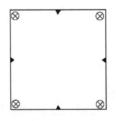

图 1-3　航空摄影机框标标志

航空摄影机镜箱体的后部，即物镜筒和暗箱的衔接处，有一个金属的贴附框架，称为承片框。承片框的尺寸就是像幅的大小。框架的四边严格地处于同一平面内，也就是像平面，此平面严格地与物镜的主光轴相垂直。框架的每一边中点各设有一个框标记号，也有将框标记号设在框架的角隅上，前者为机械框标，后者为光学框标，如图 1-3 所示。相对两框标连线的交点要与主光轴和像平面的交点尽量重合，且两框标连线要成正交，组成框标坐标系，其交点就是坐标系原点。框架的中间空出部分是像幅，航空摄影机的像幅都是正方形，地面摄影机和摄影经纬仪的像幅多为长方形。在摄影曝光瞬间，感光材料展平并紧贴附在框标平面上，曝光的同时，框标记号也成像于感光材料上。因此，像点在像片平面上的位置就可以按像片上的框标坐标系来确定。摄影时，像片上除有地面景物和框标影像外，还把水准气泡、摄影时间和像片编号等一并摄在像片上。

1.1.3 航摄像片的几何特性

1. 中心投影

用一组假想的直线将物体向几何面投射称为投影，其投影线称为投影射线。投影的几何面通常取平面，称为投影平面。在投影平面上得到的图形称为该物体在投影平面上的投影。投影有中心投影与平行投影两种，而平行投影中又有倾斜投影与正射投影之分。当投影射线会聚于一点时，称为中心投影，如图 1-4 所示三种情况均属中心投影。投影射线的会聚点 S 称为投影中心。

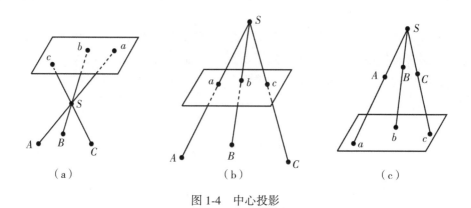

图 1-4　中心投影

当投影射线都平行于某一固定方向时，这种投影称为平行投影。平行投影中，投影射线与投影平面成斜交的称为斜投影，如图 1-5(a)所示；投影射线与投影平面成正交的称为正射投影，如图 1-5(b)所示。

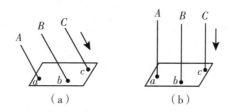

图 1-5　平行投影

摄影测量时，任何物点都可以看作通过同一个 S 点的主光线成像于像片平面上。也就是说，像片平面是投影平面，像片平面上的影像就是摄区地面点的中心投影。地面的任意点在像片上的影像均可以用主光线与像片平面的交点表示。在确定像点与对应物点关系时，都是按中心投影特征进行讨论。

因此，摄影测量的主要任务之一就是把地面按中心投影规律获得的摄影比例尺像片转换成按成图比例尺要求的正射投影地形图。

2. 中心投影的正片与负片

中心投影有两种状态，一种是投影平面和物点位于投影中心 S 的两侧，如同摄影时的情况，此时像片为负片，像片所处的位置称为负片位置，如图 1-6 中的 $abcd$ 位置。另一种则是以投影中心 S 为对称中心，将负片转到物空间，即投影平面与物点位于投影中心的同一侧，此时像片称为正片，其所处的位置称为正片位置，如图 1-6 中的 $a'b'c'd'$ 位置。

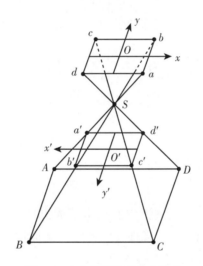

图 1-6　中心投影的正片与负片

不论像片是处在正片位置还是负片位置，像点与物点之间的几何关系并没有改变，数学表达式也一样。因此，无论是仪器的设计，还是讨论像点与物点间相互关系，随其方便地采用正片位置或负片位置。

3. 透视变换中的重要点、线、面

航摄像片是地面的中心投影，像点与物点之间存在着一一对应关系，这种关系称为透视对应(或投影对应)。在透视对应条件下，像点与物点间的变换称为透视变换(或投

影变换）。例如，航空摄影是地面向像面的透视变换，而利用像片确定地面点的位置则是像面向地面的透视变换。像面和地面是互为透视（投影）的两个平面，投影中心就是透视中心。

如图1-7所示，设 T 为一个平坦而水平的地面（物面）， P 为像片平面（像面）， S 为透视中心。像面 P 与地面 T 间的夹角 α 代表了像片平面的空间姿态，称为像片倾斜角。透视中心 S 到像面 P 的垂直距离为 f，摄影测量中称为像片主距。透视中心 S 到物面 T 的垂直距离为 H，摄影测量中称为相对航高。 α、 f、 H 是确定 S、 P、 T 三者之间状态的基本要素。

除像面 P 和物面 T 外，还有以下三个特殊的面：

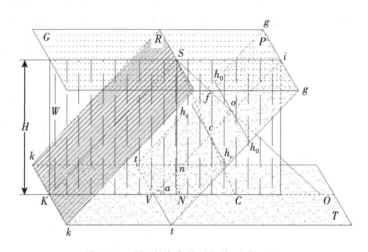

图 1-7　透视变换中特殊的点、线、面

主垂面 W：过透视中心 S 且垂直于物面 T 和像面 P 的平面。

遁面 R：过透视中心 S 且平行于像面 P 的平面。遁面上点的投射线都与像面 P 平行，所以遁面 R 上的点透视在像面 P 上的无穷远处。

真水平面 G：过透视中心 S 且平行于物面 T 的平面。物面 T 上无穷远点的投射线都在真水平面 G 上。

透视变换中特殊的点和线有：

摄影方向线 So：过投影中心 S 且垂直于像面 P 的方向线。摄影方向线 So 在主垂面内，摄影方向线 So 有时也叫主光轴。

像主点 o：摄影方向线 So 与像面 P 的交点。

地主点 O：摄影方向线 So 与物面 T 的交点。

主纵线 iV：主垂面 W 与像面 P 的交线。

主横线 h_0h_0：像面 P 上过像主点 o 且垂直于主纵线 iV 的直线。

主垂线 SN：过透视中心 S 且与物面 T 相垂直的直线。

像底点 n：主垂线 SN 与像面 P 的交点。显然，像底点 n 是所有与地面 T 相垂直的空间直线的合点，它们在像面上的像是一组以像底点 n 为中心的辐射线。

地底点 N：主垂线 SN 与地面 T 的交点。

像等角点 c：摄影方向线 So 与主垂线 SN 之间的夹角即为像片倾斜角 α，过透视中心 S 作 α 角的平分线与像面 P 的交点。

地等角点 C：过透视中心 S 作 α 角的平分线与地面 T 的交点。

等比线 $h_c h_c$：像面上过像等角点 c 且垂直于主纵线 iV 的直线。

基本方向线 KV：主垂面 W 与物面 T 的交线。

灭线 kk：遁面 R 与物面 T 的交线。灭线 kk 上点的透视在像面无穷远处。

主灭点 K：灭线 kk 和基本方向线 KV 的交点，或过透视中心 S 作主纵线 iV 的平行线与物面 T 的交点。显然，所有与主纵线 iV 平行的像面直线，在物面上的投影都要通过主灭点。

灭点：灭线 kk 上主灭点以外的点。

真水平线 gg：真水平面 G 与像面 P 的交线，真水平线上点的投影在物面无穷远处。

主合点 i：真水平线 gg 与主纵线 iV 的交点，所有与基本方向线 KV 平行的物面直线，在像面上的透视，都要通过主合点。

合点：过投影点中心 S 作物面 T 上一直线的平行线和像平面的交点。

透视轴 tt：像面 P 与地面 T 的交线，它与主垂面 W 垂直。透视轴 tt 上的点既是物点又是像点，具有两重性，称为迹点或二重点，这是透视轴的一个重要性质。透视轴又叫迹线。

主迹点 V：透视轴 tt 和基本方向线 KV 的交点。

迹点：在透视轴 tt 上，主迹点以外的点。

像水平线：像面 P 上与主纵线 iV 垂直的所有直线。

因此，也可以说主横线 $h_0 h_0$ 是过像主点 o 的像水平线，等比线 $h_c h_c$ 是过像等角点 c 的像水平线，真水平线 gg 是过主合点 i 的像水平线。

4. 立体像对的重要点、线、面

立体像对的重要点、线、面如图 1-8 所示。

摄影基线 B：相邻两摄站的连线 $S_1 S_2$。

核面：通过摄影基线与某一地面点 A 所作的平面。

核线：核面与两影像面的交线，如图 1-8 中的 l_1 和 l_2。

同名光线：同一地面点发出的两条成像光线，如摄影时的 $a_1 S_1 A$ 和 $a_2 S_2 A$。同名光线对对相交。

同名像点：同名光线在左右像片上的构像，如图 1-8 中的 a_1 和 a_2。

同名核线：同一核面与左右像片面的交线，如图1-8中的l_1和l_2。同名像点必定在同名核线上。

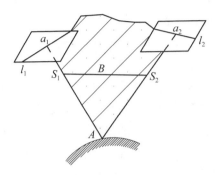

图1-8　立体像对重要的点、线、面

两同名光线和摄影基线位于同一核面上，用数学方法描述此三矢量（B，a_1S_1A，a_2S_2A）共面时，可表述为：

$$B \cdot (a_1 S_1 A \times a_2 S_2 A) = 0 \tag{1-1}$$

三矢量在像空间辅助坐标系中的坐标分量分别为（B_X，B_Y，B_Z），（X_1，Y_1，Z_1）和（X_2，Y_2，Z_2），用坐标分量表示三矢量混合积为零的条件是各矢量的分量所组成的一个三阶行列式的值等于零，即：

$$\begin{vmatrix} B_X & B_Y & B_Z \\ X_1 & Y_1 & Z_1 \\ X_2 & Y_2 & Z_2 \end{vmatrix} = 0 \tag{1-2}$$

该公式称为立体像对相对定向的共面条件方程。

任务结构图

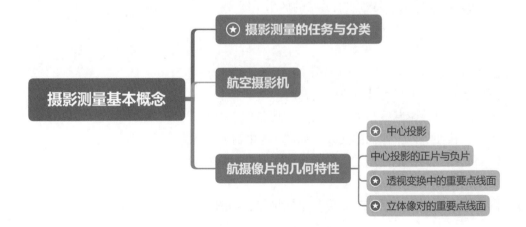

任务 1.2　摄影测量常用的坐标系统

▶摄影测量坐标系统

　　摄影测量的任务是根据像片上像点的位置确定相应地面点的空间位置。为此，必须选择适当的坐标系统定量描述像点和地面点。摄影测量中常用的坐标系统可分为两大类：一类用于描述像点的位置，称为像方空间坐标系；一类用于描述地面点的位置，称为物方空间坐标系。

1.2.1　像方空间坐标系

　　描述航摄像片中某个像点的位置，可以参考二维坐标系统：框标坐标系（xy）、像平面坐标系（o-xy），区别在于坐标原点的选择不同；亦可采用三维坐标系统：像空间坐标系（S-xyz）、像空间辅助坐标系（S-XYZ），二者的坐标轴选择不一样，且像空间辅助坐标系的 Z 轴与 X 轴也有三种不同确定方法。像方空间坐标系统均是右手坐标系。

1. 框标坐标系（xy）

　　航空摄影后直接得到航摄像片，航摄像片与普通像片的主要区别之一就是它有框标标志。位于影像四角的框标称为光学框标（或角框标），位于影像四边中央的框标称为机械框标（或边框标），它们通常对称分布。一般航摄像片都有 4 个光学框标和 4 个机械框标。框标标志除了可以用来进行像片的内定向外，还可以用来直接建立框标坐标系。

　　框标坐标系有两种，如图 1-9 所示。一是根据光学框标建立的框标坐标系，分别将光学框标对角相连，连线交点作为坐标原点，连线的角平分线构成 x 轴和 y 轴。二是根据机械框标建立的框标坐标系，将机械框标对边相连，连线的交点为坐标原点，与航线方向一致的连线为 x 轴，另一条连线为 y 轴。框标坐标系是右手坐标系。

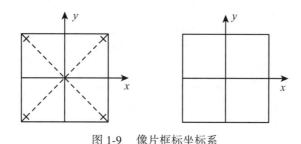

图 1-9　像片框标坐标系

2. 像平面坐标系（o-xy）

像平面坐标系是在像片平面内定义的右手直角坐标系，用以表示像点在像平面内的位置，如图 1-10 所示。其坐标原点定义为像主点 o，一般以航线方向的一对框标连线为 x 轴，记为 $o\text{-}xy$。

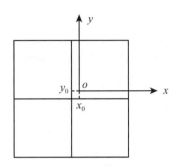

图 1-10　像平面坐标系

在摄影测量解析计算中，像点的坐标应采用以像主点 o 为原点的像平面坐标系中坐标。为此，当像主点与框标连线交点不重合时，需将像片框标坐标系中坐标平移至以像主点 o 为原点的坐标系。当像主点 o 在框标坐标系的坐标为 (x_0, y_0) 时，则测量出的像点坐标 (x, y)，换算到像平面坐标系中的坐标为 $(x - x_0, y - y_0)$。

3. 像空间坐标系（$S\text{-}xyz$）

为便于空间坐标的变换，需要建立描述像点在像空间位置的坐标系，即像空间坐标系，如图 1-11 所示。像空间坐标系是右手空间直角坐标系，其坐标系原点定义在投影中心 S，其 x 轴、y 轴分别与像平面坐标系的相应轴平行，z 轴与摄影方向线 So 重合，其正方向按右手规则确定，向上为正，表示为 $S\text{-}xyz$。由于航摄仪主距是一个固定的常数 f，所以，一旦量测出某一像点的像平面坐标值 (x, y)，则该像点在像空间坐标系中的坐标也就随之确定，即为 $(x, y, -f)$。

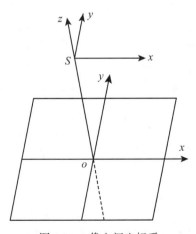

图 1-11　像空间坐标系

12

4. 像空间辅助坐标系（*S-XYZ*）

像点的像空间坐标可直接以像平面坐标求得，但这种坐标的特点是每张像片的像空间坐标系不统一，这样便给计算带来困难。为此，需要建立一种相对统一的坐标系，即像空间辅助坐标系，用 *S-XYZ* 表示，如图 1-12 所示。

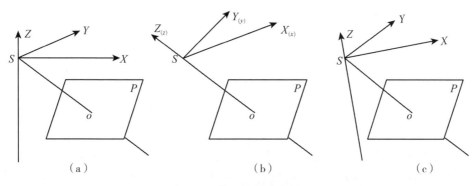

图 1-12　像空间辅助坐标系

像空间辅助坐标系的原点为投影中心 *S*，坐标轴的选择则可视需要而定，通常有三种选取方法：一是选取铅垂方向为 *Z* 轴，航线方向为 *X* 轴，构成右手直角坐标系，该辅助坐标系的三轴分别平行于地面摄影测量坐标系；二是以每条航线内第一张像片的像空间坐标系作为像空间辅助坐标系；三是以每个像片的左片投影中心 *S* 为坐标原点，摄影基线方向为 *X* 轴，以摄影基线及左片主光轴构成的面（左核面）作为 *XZ* 面，构成右手坐标系。

1.2.2　物方空间坐标系

像片校正时使用的像控点和在模型空间测得的点位，均用地面测量坐标系表示，即常用的高斯平面直角坐标系和黄海高程系统，此为左手坐标系，而描述像点的空间坐标系是右手坐标系，因此，存在着像空间坐标系与地面测量坐标系间过渡的坐标系，即地面摄影测量坐标系（$D\text{-}X_{tp}Y_{tp}Z_{tp}$）。

1. 摄影测量坐标系（$P\text{-}X_PY_PZ_P$）

像空间辅助坐标系 *S-XYZ* 沿着 *Z* 轴反方向平移至地面点 *P*，所得到的坐标系 $P\text{-}X_PY_PZ_P$ 称为摄影测量坐标系，如图 1-13 所示。由于它与像空间辅助坐标系平行，因此很容易由像点的像空间辅助坐标 *S-XYZ* 求得相应点的摄影测量坐标 $P\text{-}X_PY_PZ_P$。

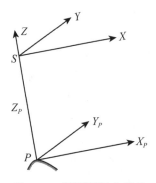

图 1-13　摄影测量坐标系

2. 地面测量坐标系（$T\text{-}X_TY_TZ_T$）

地面测量坐标系通常指地图投影坐标系，就是国家测图所采用的高斯克吕格 3° 带或 6° 带投影的平面直角坐标系，以及我国黄海高程系统，两者组成的空间直角坐标系是左手坐标系，如图 1-14 所示，用 $T\text{-}X_TY_TZ_T$ 表示。摄影测量方法求得的地面点坐标最后要以此坐标形式提供给用户使用。

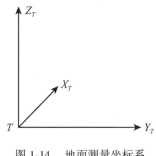

图 1-14　地面测量坐标系

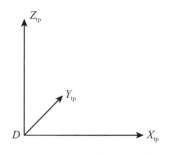

图 1-15　地面摄影测量坐标系

3. 地面摄影测量坐标系（$D\text{-}X_{tp}Y_{tp}Z_{tp}$）

由于摄影测量坐标系采用的是右手坐标系，而地面测量坐标系采用的是左手坐标系，这就给摄影测量坐标到地面测量坐标的转换带来了困难。为此，在摄影测量坐标系与地面测量坐标系之间建立一种过渡性的坐标系，称为地面摄影测量坐标系，用 $D\text{-}X_{tp}Y_{tp}Z_{tp}$ 表示。地面摄影测量坐标系的坐标原点选在测区内的某一地面点 D，X_{tp} 轴与 X_P 轴方向大致一致，但均为水平，Z_{tp} 轴铅垂，构成右手直角坐标系，如图 1-15 所示。摄影测量中，首先将摄影测量坐标转换成地面摄影测量坐标，最后再转换成地面测量坐标。

任务结构图

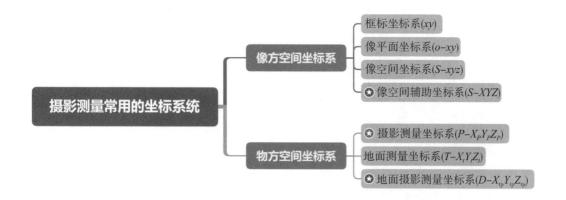

任务 1.3　摄影测量的内外方位元素

在摄影测量过程中，需要定量描述摄影机的姿态和空间位置，从而确定所摄像片与地面之间的几何关系。这种描述摄影机（含航摄像片）姿态的参数叫做方位元素。依其作用不同可分为两类：一类确定投影中心对像片的相对位置，称为像片的内方位元素；另一类确定像片以及投影中心（或像空间坐标系）在物空间坐标系（通常为地面摄影测量坐标系）中的方位，称为像片的外方位元素。

1.3.1　内方位元素

摄影中心 S 对所摄像片 P 的相对位置，称为像片的内方位。确定航摄像片内方位的必要参数，称为航摄像片的内方位元素。

航摄像片的内方位元素有三个，即像片主距 f 以及像主点 o 在像片框标坐标系中的坐标 x_0、y_0。

从图 1-16 不难看出，x_0、y_0、f 中若任一元素改变，则 S 与 P 的相对位置就要改变，摄影光束（或投影光束）也随之改变。所以，也可以说，内方位元素的作用在于表示摄影光束的形状，在投影情况下，恢复内方位就是恢复摄影光束的形状。

在航摄的设计中，要求像主点 o 与框标坐标系的原点重合，即尽量使 $x_0 = y_0 = 0$。实际上，由于摄影机装配误差，x_0、y_0 常为一微小值，而不为 0。内方位元素值通常已知，可在航摄仪检定表中查出。

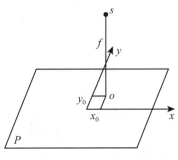

图 1-16　内方位元素

1.3.2　外方位元素

在恢复了内方位元素（即恢复了摄影光束）基础上，确定摄影光束在摄影瞬间摄影中心 S 空间位置和姿态的参数，称为外方位元素。一张像片的外方位元素包括六个参数：三个线元素，用于描述摄影中心 S 的空间位置；三个角元素，用于描述像片空间姿态。

1. 三个线元素

三个线元素反映摄影瞬间，摄影中心 S 在选定地面空间坐标系中的坐标值，用 X_S、Y_S、Z_S 表示，通常选用地面摄影测量坐标系，其中 X_{tp} 轴取与 Y_T 轴重合，Y_{tp} 轴取与 X_T 轴重合，构成右手直角坐标系，如图 1-17 所示。

2. 三个角元素

外方位元素的三个角元素可看成摄影机主光轴从起始的铅垂方向绕空间坐标轴按某

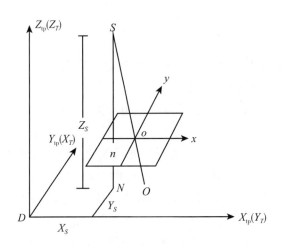

图 1-17　外方位直线元素

种次序连续3次旋转而成。先绕第一轴旋转一个角度，其余两轴的空间方位随同变化；再绕变动后的第二轴旋转一个角度，经过两次旋转，达到恢复摄影机主光轴的空间方位；最后绕经过两次变动后的第三轴（即主光轴）旋转一个角度，即像片在其自身平面内绕像主点旋转一个角度。像片由理想姿态到实际摄影时的姿态依次旋转的三个角值，也就是像片的三个外方位角元素。

根据讨论问题和仪器设计的需要，像片外方位角元素通常有三种表示。在图 1-18 中，S-XYZ 为像空间辅助坐标系，而 D-$X_{tp}Y_{tp}Z_{tp}$ 为地面摄影测量坐标系；像空间辅助坐标系 S-XYZ 中各轴与地面摄影测量坐标系各轴平行，下面介绍三个角元素。

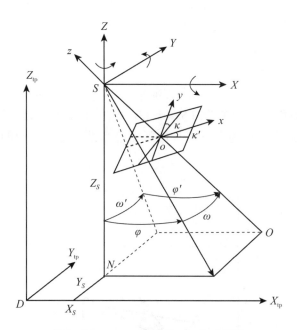

图 1-18　φ-ω-κ 系统和 ω'-φ'-κ' 系统

1）以 Y 轴为主轴的 φ-ω-κ 系统

φ 为主光轴 So 在 XZ 坐标面内的投影与过投影中心的铅垂线之间的夹角，叫做偏角。从铅垂线起算，逆时针方向为正。

ω 为主光轴 So 与其在 XZ 坐标面的投影之间的夹角，叫做倾角。从主光轴在 SZ 面上的投影起算，逆时针方向为正。

κ 为 Y 轴沿主光轴 So 的方向在像平面上的投影与像平面坐标的 y 轴之间的夹角，叫做旋角。从 Y 轴在像片上的投影起算，逆时针方向为正。

3 个角元素中，φ 和 ω 共同确定了主光轴 So 的方向，而 κ 则用来确定像片在像平面内的方位，即光线束绕主光轴的旋转。

2）以 X 轴为主轴的 ω'-φ'-κ' 系统

如图 1-18 所示，第二种角方位元素的定义如下：

ω' 为主光轴 So 在 YZ 坐标面上的投影与过投影中心的铅垂线之间的夹角，叫做倾角。从铅垂线起算，逆时针方向为正。

φ' 为主光轴 So 与其在 YZ 面上的投影之间的夹角，叫做偏角。从主光轴在 YZ 面上的投影起算，逆时针方向为正。

κ' 为 X 轴在像平面上的投影与像平面坐标系的 x 轴之间的夹角，叫做旋角。从 X 轴的投影起算，逆时针方向为正。

与第一种角元素系统相仿，ω' 和 φ' 角用来确定主光轴 So 的方向，旋角 κ' 用来确定像片（光束）绕主光轴的旋转。利用 ω'-φ'-κ' 系统恢复像片在空间的角方位时，应以 X 坐标轴作为第一旋转轴（主轴），Y 坐标轴作为第二旋转轴（副轴），即依次绕 X、Y、Z 轴分别连续旋转 ω'、φ' 和 κ' 角来实现。

3）以 Z 轴为主轴的 τ-α-κ_v 系统

如图 1-19 所示，τ 为主垂面与地辅坐标系统的 $X_{tp}Y_{tp}$ 坐标面的交线与 Y_{tp} 轴之间的夹角，称为主垂面方向角。α 为主光轴 So 与过投影中心的铅垂线之间的夹角，称为像片的倾斜角，该角恒取正值。κ_v 为主纵线与像平面坐标系的 y 轴之间的夹角，称为像片的旋角。

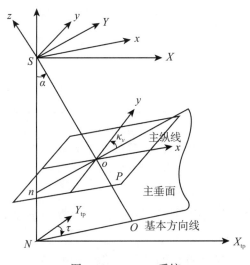

图 1-19 τ-α-κ_v 系统

与前两种角元素相仿，τ 和 α 用来确定主光轴 So 的方向，旋角 κ_v 用来确定像片（光束）绕主光轴的旋转。利用 τ-α-κ_v 系统恢复像片角方位时，应依次绕 Z 轴、X 轴、Y 轴分别旋转 τ、α、κ_v 角来实现。

需明确指出的是，任何一个空间直角坐标系在另一个空间直角坐标系中的角方位都可以采用上述三种系统中的任何一种描述。但无论采用哪一种，都需由三个独立的角元素确定。

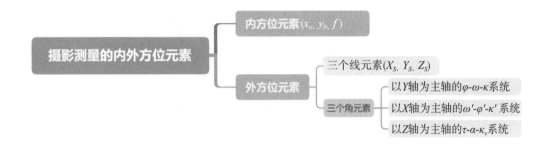

任务 1.4　共线方程

航摄像片是地面景物的中心投影构像，地图在小范围内可认为是地面景物的正射投影，这是两种不同性质的投影。影像信息的摄影测量处理，就是要把中心投影的影像变换为正射投影的地图信息。为此，需要知道像点与相应物点的构像方程式。

描述像点 a、投影中心 S 和对应地面点 A 三点共线的方程，称为共线方程。假设在摄站 S 摄取了一张航摄像片 P，航摄仪镜箱主距为 f。

如图 1-20 所示，设坐标系 $S\text{-}X'Y'Z'$ 是地面辅助坐标系 $T\text{-}XYZ$（地面摄影测量坐标系）的平行系，地面点 A 对应的像点为 a。摄站 S 在地面辅助坐标系 $T\text{-}XYZ$ 中的坐标为 (X_S, Y_S, Z_S)；地面点 A 在地面辅助坐标系 $T\text{-}XYZ$ 中的坐标为 (X, Y, Z)；像点 a 在像空间坐标系 $S\text{-}xyz$ 中的坐标为 $(x, y, -f)$；像点 a 在坐标系 $S\text{-}X'Y'Z'$ 中的坐标为 $(X'、Y'、Z')$；地面点 A 在坐标系 $S\text{-}X'Y'Z'$ 中的坐标为 $(X-X_S, Y-Y_S, Z-Z_S)$。

则由图 1-20 可知：

$$\frac{X-X_S}{X'} = \frac{Y-Y_S}{Y'} = \frac{Z-Z_S}{Z'} = \lambda \tag{1-3}$$

即

$$\begin{bmatrix} X-X_S \\ Y-Y_S \\ Z-Z_S \end{bmatrix} = \lambda \begin{bmatrix} X' \\ Y' \\ Z' \end{bmatrix} = \lambda R \begin{bmatrix} x \\ y \\ -f \end{bmatrix} \tag{1-4}$$

因 $R^{-1} = R^{\mathrm{T}}$，得：

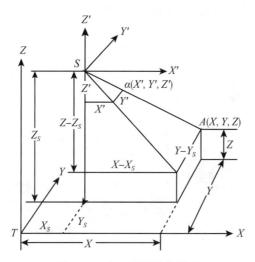

图 1-20 中心投影构像关系

$$\begin{bmatrix} x \\ y \\ -f \end{bmatrix} = \frac{1}{\lambda} R^{\mathrm{T}} \begin{bmatrix} X - X_S \\ Y - Y_S \\ Z - Z_S \end{bmatrix} \tag{1-5}$$

在式（1-4）和式（1-5）中，共有 3 个方程。为了消去 λ，由式（1-4）和式（1-5）的第三式得：

$$\lambda = \frac{a_3(X - X_S) + b_3(Y - Y_S) + c_3(Z - Z_S)}{-f}, \quad \lambda = \frac{Z - Z_S}{c_1 x + c_2 y - c_3 f}$$

将 λ 代入式（1-5），得：

$$\left. \begin{aligned} x &= -f \frac{a_1(X - X_S) + b_1(Y - Y_S) + c_1(Z - Z_S)}{a_3(X - X_S) + b_3(Y - Y_S) + c_3(Z - Z_S)} \\ y &= -f \frac{a_2(X - X_S) + b_2(Y - Y_S) + c_2(Z - Z_S)}{a_3(X - X_S) + b_3(Y - Y_S) + c_3(Z - Z_S)} \end{aligned} \right\} \tag{1-6}$$

式（1-6）就是共线方程，它可以在已知像片外方位元素的条件下，由地面点的地辅坐标计算像点的坐标，是项目 5 中单像空间后方交会应用的关键模型。此式在几何学上称为投影变换。

当需要考虑内方位元素时，式（1-6）可表示为：

$$\left. \begin{aligned} x - x_0 &= -f \frac{a_1(X - X_S) + b_1(Y - Y_S) + c_1(Z - Z_S)}{a_3(X - X_S) + b_3(Y - Y_S) + c_3(Z - Z_S)} \\ y - y_0 &= -f \frac{a_2(X - X_S) + b_2(Y - Y_S) + c_2(Z - Z_S)}{a_3(X - X_S) + b_3(Y - Y_S) + c_3(Z - Z_S)} \end{aligned} \right\} \tag{1-7}$$

式(1-6)和式(1-7)为一般地区中心投影的构像方程式。因为像点 a、投影中心 S 和对应地面点 A 三点共线，故也称为共线方程。

将 λ 代入式(1-5)，得共线方程的另一种形式为：

$$\left. \begin{array}{l} X - X_S = (Z - Z_S)\dfrac{a_1x + a_2y - a_3f}{c_1x + c_2y - c_3f} \\[3mm] Y - Y_S = (Z - Z_S)\dfrac{b_1x + b_2y - b_3f}{c_1x + c_2y - c_3f} \end{array} \right\} \tag{1-8}$$

对式(1-6)和式(1-8)进行分析，可得出如下结论：

(1)当地面点坐标 X、Y、Z 已知时，量测像点坐标 x、y，式中有6个未知数，即6个外方位元素。

(2)利用3个或3个以上已知地面平高点，可求出像片外方位元素(后方交会)。

(3)立体像对的外方位元素已知时，量测 x、y，可求解未知地面点三维坐标 X、Y、Z(前方交会)。

(4)由式(1-6)可知，在给定像片外方位元素条件下，并不能由像点坐标计算出地面点空间坐标，只能确定地面点方向。只有给出地面点高程，才能确定地面点平面位置。

共线方程建立了像点、地面点和投影中心三点的关系，是摄影测量中最重要、最基本的的公式，应用十分广泛。在单张像片的空间后方交会、光束法区域网平差和利用 DEM 进行单张像片测图时，都要用到这个公式。

此外，根据共线方程还可以推导出平坦地区的构像方程。当地面水平的时候，因为 $Z - Z_S = -H$，为一常数，$X - X_S$ 和 $Y - Y_S$ 分别是地面点 A 在像空间辅助坐标系中的坐标 X_m、Y_m，因此式(1-6)还可以写成：

$$\left. \begin{array}{l} X_m = -H\dfrac{a_1x + a_2y - a_3f}{c_1x + c_2y - c_3f} \\[3mm] Y_m = -H\dfrac{b_1x + b_2y - b_3f}{c_1x + c_2y - c_3f} \end{array} \right\} \tag{1-9}$$

式中，H、c_3、f 都是常数，将 H 乘入并各项除以 $-c_3f$，各项系数用新符号表示为：

$$\left. \begin{array}{l} X_m = \dfrac{a_{11}x + a_{12}y + a_{13}}{a_{31}x + a_{32}y + 1} \\[3mm] Y_m = \dfrac{a_{21}x + a_{22}y + a_{23}}{a_{31}x + a_{32}y + 1} \end{array} \right\} \tag{1-10}$$

式(1-10)是地面水平时构像方程的一般形式，它反映了像片平面和水平地面之间的中心投影构像关系，也称为透视变换公式，是共线方程的另一种表达方式。该式多用于像片的纠正中。

思政小课堂

开 拓 创 新

王之卓（1909—2002年），中国科学院院士、中国摄影测量与遥感学科奠基人、原武汉测绘科技大学名誉校长，提出"全数字自动化测图"构想、"王之卓公式"等，对中国摄影测量与遥感的教育和科研做出了突出的贡献。

王之卓院士带领中国航测与遥感学科立于世界同类学科强国之林，解决了国家许多测绘方面的重大课题。他培养出一大批优秀专业人才，建设了一支高水平的现代测绘队伍。他的杰出成就和贡献，赢得了世界科学界的尊重和赞誉。

王之卓院士一贯重视著书育人，早在留学期间，他就与夏坚白、陈永龄计划合作写书。回国后，三人分别在中山大学、西南联大、同济大学任教，他们通过写信交流的方式，由王之卓负责起草《航空摄影测量学》，夏坚白负责改编旧作《实用天文学》，陈永龄负责起草《大地测量学》《测量平差法》，每本书都是三人共同署名，由商务印书馆先后出版。这四部教材的出版，彻底改变了中国测绘教材缺乏、落后的状况，极大地促进了中国测绘教育事业的发展。

20世纪50年代，王之卓院士在用航测方法测绘国家基本比例尺地图过程中，纠正了当时使用的苏联方法中用于山区的瓦洛夫公式的不足，并提出新的解算公式，也就是后来航测界的"王之卓公式"。"王之卓公式"从理论上对航测成图方法和空中三角测量的误差进行了分析，在我国航测事业的发展中具有重要的奠基作用。

20世纪70年代末80年代初，伴随着计算机、航天技术的迅速发展，王之卓院士预见到数字化技术是摄影测量由模拟与解析向自动化发展的必由之路，在世界上率先提出"全数字自动化测图"构想，并给出《全数字自动化测图系统研究方案》，而这正是当时国际测绘界高度关注、尚未解决的重大课题。

王之卓院士为人真诚、友善、平和、谦逊，崇高的品德在全国测绘界乃至全世界测绘界有口皆碑。我们要学习王之卓院士独立思考、认真实践、求实与创新相结合的优秀科研品质，将科学研究同社会需求相结合。

拓展与思考

（1）查阅资料，简述摄影测量、数字摄影测量、无人机摄影测量间的联系与区别。

（2）结合课本介绍，思考绘制1∶500大比例地形图时，如何选择航空摄影机？

（3）摄影测量的投影方式是哪一种？该投影方式的特点是什么？

（4）简述共线方程与共面方程的内容，以及各自的适用情境。

（5）如何实现像方坐标系与物方坐标系间的转换？

（6）阐述摄影测量内外方位元素的内容及其重要性。

项目 2
航空摄影技术设计

☞ **项目导读**

为确保最终成果满足顾客要求并符合规范标准,摄影测量工作首先应进行项目的技术设计。通过技术设计,了解项目整体要求、明确具体技术指标,并科学规划整个项目的实施,有效地指导和控制着项目的进展与质量。在了解测绘技术设计内容后,才能够结合摄影测量项目实情,编写航空摄影技术设计书,确保摄影测量影像采集的高效、高质。

☞ **学习指南**

明确技术设计的重要性,了解测绘技术设计的分类,掌握测绘专业技术设计的内容;了解航空摄影的实施过程,掌握并理解航空摄影设计的技术要求,能编写航空摄影测量技术设计书。

任务 2.1 概述测绘技术设计

根据测绘行业标准《测绘技术设计规定》要求,为测绘项目切实可行地制定技术方案,保证测绘成果(或产品)符合技术标准和满足顾客要求,并获得最佳的社会效益和经济效益,每个测绘项目作业前都应进行技术设计。

2.1.1 测绘技术设计分类

测绘技术设计分为项目设计和专业技术设计。

项目设计是对测绘项目进行综合性整体设计,一般由承担项目的法人单位负责编写。

专业技术设计是对测绘专业活动的技术要求进行设计,它是在项目设计基础上,按照测绘活动内容进行的具体设计,是指导测绘生产的主要技术依据。专业技术设计一般由具体承担相应测绘专业任务的法人单位负责编写。

对于工作量较小的项目,可根据需要将项目设计和专业技术设计合并为项目设计。

2.1.2 测绘技术设计原则及要求

技术设计文件是测绘生产的主要技术依据，也是影响测绘成果（或产品）能否满足顾客要求和技术标准的关键因素。为了确保技术设计文件满足规定要求的适宜性、充分性和有效性，测绘技术设计活动应按照策划、设计输入、设计输出、审评、验证（必要时）、审批的程序进行。

1. 技术设计的原则

（1）技术设计应依据技术输入内容，充分考虑顾客的要求，引用适用的国家、行业或地方相关标准，并重视社会效益和经济效益。

（2）技术设计方案应先考虑整体而后局部，根据作业区实际情况，结合作业单位的资源条件，挖掘潜力，选择最适用方案。

（3）积极采用适用的新技术、新方法和新工艺。

（4）认真分析和充分利用已有的测绘成果（或产品）和资料，必要时应进行外业测量的实地勘察，并编写踏勘报告。

2. 技术设计的要求

（1）内容明确、文字简练，可直接引用标准或规范中明确规定的内容，并应在文件中列出标准或规范的名称、日期以及引用的章、条编号；对于作业生产中容易混淆和忽视的问题，需重点描述。

（2）名词、术语、公式、符号、代号和计量单位等，应与有关法规和标准一致。

2.1.3 测绘技术设计内容

专业技术设计书的内容通常包括概述、测区自然地理概况与已有资料情况、引用文件、成果（或产品）主要技术指标和规格、技术设计方案等部分。

1. 概述

主要说明任务的来源、目的、任务量、测区范围和作业内容、行政隶属以及完成期限等基本情况。

2. 作业区自然地理概况与已有资料情况

作业区自然地理概况应根据不同专业测绘任务的具体内容，以及特别需要说明与测绘作业有关的测区进行描述。

已有资料情况主要说明已有资料的数量、形式、主要质量情况（包括已有资料的主要技术指标和规格等）和评价，说明已有资料利用的可能性和利用方案等。

3. 引用文件

说明专业技术设计书编写过程中引用的标准、规范或其他技术文件，文件一经引用，就构成专业技术设计书设计内容的一部分。

4. 主要技术指标和规格

根据具体成果（或产品），规定其主要技术指标和规格，一般可包括成果（或产品）的类型及形式、坐标系统、高程基准、时间系统、比例尺、分带、投影方法、分幅编号及其空间单元，以及数据基本内容、数据格式、数据精度以及其他技术指标等。

5. 设计方案

设计方案的具体内容应根据各专业测绘活动的内容和特点确定。设计方案内容一般包括以下几个方面：

（1）软、硬件环境及其要求，主要规定作业所需的测量仪器类型、数量、精度指标以及仪器校准或检定要求，规定作业所需数据的处理、存储、传输等设备要求，规定专业应用软件和其他软、硬件配置的特别规定；

（2）作业技术路线或流程；

（3）各工序的作业方法、技术指标和要求；

（4）生产过程中质量控制环节和产品质量检查的主要要求；

（5）数据安全、备份或者其他特殊的技术要求；

（6）上交和归档成果及其资料的内容和要求；

（7）有关附录，包括设计附图、附表和其他有关内容。

任务结构图

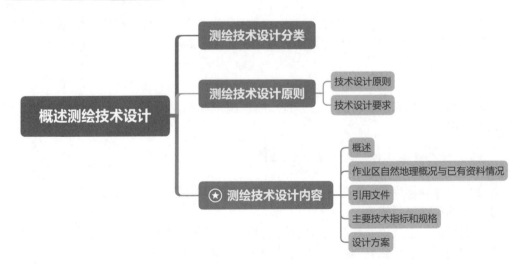

航空摄影技术
设计

任务 2.2　航空摄影技术设计

2.2.1　航空摄影实施过程

航空摄影可分为面积航空摄影、条状地带航空摄影和独立地块航空摄影。面积航空摄影主要用于测绘地形图，或进行大面积资源调查。条状地带航空摄影主要用于公路、铁路、输电线路定线和江、河流域的规划与治理工程等，它与面积航空摄影的区别在于其一般只有一条或少数几条航带。独立地块航空摄影主要用于大型工程建设和矿山勘探部门，这种航空摄影只拍摄较少数量具有一定重叠度的像片。

航空摄影主要涉及用户单位、航摄单位和当地航空主管部门。一般由用户单位提出航摄任务和具体要求，并向当地航空主管部门申请升空权后，由承担航摄的单位负责组织具体实施。航空摄影全过程如图 2-1 所示。

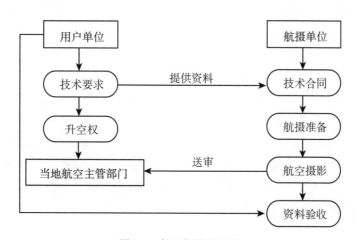

图 2-1　航空摄影流程图

例如，当需要采用航空摄影测量的方法测制某一地区的地形图时，测图单位(用户单位)应向承担空中摄影的单位(航摄单位)提出航空摄影任务委托书，并签订航摄协议书或合同。航摄单位根据协议书或合同的要求制定航摄技术设计，按要求完成航空摄影的任务。所以，航空摄影的实施过程一般为任务委托、签订合同、航摄技术设计制定、空中摄影实施、摄影处理、资料检查验收等几个主要环节。

1. 提出航摄技术要求

对于航空摄影涉及的各项技术，大部分在航摄规范中有明确规定。但用户单位在确定航摄任务时，还应根据本单位的具体情况进行仔细分析，可对部分技术内容提出自己的要求，如规定摄区范围、摄影比例尺、航摄仪型号与焦距、航向重叠与旁向重叠、任务执行的季节与时间期限、提交的资料成果内容和方式等。航摄成果资料包括航摄底片、航摄像片（按合同规定提供的份数）、像片索引图、航摄软片变形测定成果、航摄机鉴定表、航摄像片质量鉴定表等。

2. 签订技术合同

用户单位确定航摄任务的具体技术要求后，携带航摄计划用图和当地气象资料与承担航摄任务的单位进行具体磋商。其中，航摄计划用图是引导飞机按计划航线进行航空摄影的导航图，同时也是航摄单位进行航摄技术计算的依据。当地气象数据资料是用来确定航空摄影最终实施日期的依据，气象资料应包括航摄区域近5年到10年内每月的平均降雨天数和大气能见度。

3. 申请升空权

用户单位在与航摄单位签订合同后，应向当地航空主管部门申请升空权。申请报告书中应说明航摄高度、航摄日期等具体数据，还应附上标注经纬度的航摄区域略图。

4. 航摄准备

航摄准备工作包括：航摄耗材、航摄仪的检定、飞机与机组人员的调配。完成航摄技术计算，如计算航摄所需的飞行数据和摄影数据（主要是绝对航高、摄影航高、像片重叠度、航摄基线、航线间隔距、航摄分区内的航线数、曝光时间间隔和像片数等），再将各条航线（航线方向一般按东西向直线飞行，且一般按图廓线敷设）标明在航摄计划用图上，如图2-2所示。该图同时作为航摄领航图，领航图是在空中摄影作业过程中专为领航摄影员导航飞行进入设计的航线和指导空中摄影的专用图。在领航图上应绘出航摄分区、航带和航线中心线的视准标志。

5. 航空摄影实施

空中摄影应选在天空晴朗少云、能见度好、气流平稳的天气进行，摄影时间最好是中午前后几个小时。飞机做好航空摄影各项准备工作后，依据领航图起飞进入航摄区域，并调整航高到达规定高度后，由第一条航线的进入方向标保持平直飞行进入摄影区。在飞机穿越摄影开始标志时，打开航摄仪进行自动连续摄影；而当飞机穿越摄影终止标志时，关闭航摄仪，完成第一条航线摄影工作，如图2-2所示。飞机继续向前飞，直到飞出方向标时开始转弯，经由第二条航线的进入方向标保持平直，飞行进入摄影区，按照第一条航线的摄影步骤完成第二条航线的摄影工作。如此往返，直到完成整个摄区所有航线的摄影工作为止。

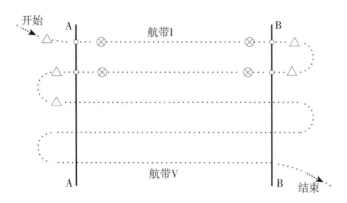

AA、BB 为航摄边界线；△为飞机进入、飞出的方向标志；
···▶为控制飞行方向的标志；⊗为摄影开始和终止的标志

图 2-2　航摄计划用图

航空摄影时，要求整个航摄区域都应被像片重叠覆盖。摄区中凡是没有像片覆盖的区域，均称为绝对漏洞区域。虽被像片覆盖，但重叠度不能满足规定要求的，称为相对漏洞。航空摄影中不允许任何形式的漏洞存在，否则必须返工。

6. 送审

申请升空权和送审航摄负片是世界各国在航空摄影时都必须遵守的制度。因此，航摄单位在完成航摄工作后，应将航摄负片送至当地航空主管部门进行安全保密检查。

7. 资料验收

用户单位以合同为依据，对航摄资料进行验收。验收主要内容为检查摄影资料飞行质量和摄影质量，同时检查航摄资料的完整性，包括航摄负片、像片、像片索引图、航摄仪鉴定表和航摄拍摄条件等记录。

航空摄影的成果是摄影测量的原始资料，其质量直接影响摄影测量成果的精度和效率，因此，摄影测量对空中摄影提出了一些质量要求和误差控制，要求保证航摄像片的精度和飞机飞行的质量。

2.2.2　航空摄影设计基本要求

航空摄影技术设计时可参考《航空摄影技术设计规范》。

(1)航空摄影项目均应进行技术设计，技术设计书未经批准不应实施。

(2)航摄设计应从实际出发，积极采用适用的新技术、新方法和新工艺。

(3)航摄设计应体现整体性原则，满足用户的要求，以可靠的设计质量确保航摄成果质量。设计方案应体现经济效益和社会效益的统一。

（4）航摄设计书应内容明确，文字简练、资料翔实。

（5）航摄设计书的名词、术语、公式、符号、代号和计量单位等应与有关法规和标准一致。

（6）航摄设计由航摄单位进行设计或用户自行设计。

（7）航摄设计人员应具备相应的任职资格。

（8）航摄设计的依据为航空摄影合同相关的法规和技术标准。

2.2.3 航空摄影设计技术要求

1. 选定成图比例尺

航空摄影技术设计应确保航摄成果能够满足航测成图精度要求，成图比例尺按表 2-1 选择。

表 2-1　成图比例尺与设计图比例尺对照表

成图比例尺	设计用图比例尺
≥1：1000	1：10000 或 1：10000DEM
≥1：10000	1：25000~1：50000 或 1：50000DEM
≥1：100000	1：100000~1：250000 或 1：50000DEM、1：100000DEM、1：250000DEM

注：DEM 为数字高程模型。

2. 确定航摄比例尺

航摄比例尺一般按表 2-2 选择，亦可根据成图目的、摄区的具体条件，由航摄单位与用户商定。

表 2-2　成图比例尺与航摄比例尺对照表

成图比例尺	航摄比例尺
1：500	1：2000~1：3500
1：1000	1：3500~1：7000
1：2000	1：7000~1：14000
1：5000	1：10000~1：20000

成图比例尺	航摄比例尺
1 ∶ 10000	1 ∶ 20000 ~ 1 ∶ 40000
1 ∶ 25000	1 ∶ 25000 ~ 1 ∶ 60000
1 ∶ 50000	1 ∶ 35000 ~ 1 ∶ 80000
1 ∶ 100000	1 ∶ 60000 ~ 1 ∶ 100000

3. 划分航摄分区

(1)分区界线应与图廓线相一致。

(2)分区内的地形高差一般不大于 1/4 相对航高,当航摄比例尺大于或等于 1 ∶ 8000 时,一般不应大于 1/6 相对航高。

(3)分区内的地物景物反差、地貌类型应尽量一致。

(4)根据成图比例尺确定分区最小跨度,在地形高差许可情况下,航摄分区跨度应尽量划大,同时分区划分还应考虑用户提出的加密方法和布点方案要求。

(5)当地面高差突变,地形特征显著不同时,在用户认可的情况下,可以跨图幅划分航摄分区。

(6)划分分区时,应考虑航摄飞机侧前方安全距离与安全高度。

(7)当采用 GNSS 辅助空三航摄时,划分分区还应确保分区界线与加密分区界线相一致,或一个摄影分区内可涵盖多个完整的加密分区。

4. 敷设航线

(1)航线飞行方向一般设计为东西向,特定条件下亦可设计南北向,或沿线路、河流、海岸、境界等任意方向飞行。

(2)按常规方法敷设航线时,航线应平行于图廓线,位于摄区边缘的首末航线应设计在摄区边界线上或边界线外。

(3)应注意计算最高点对摄区边界图廓保证的影响和与相邻航线重叠度的保证情况,当出现不能保证的情况时,应调整航摄比例尺。

(4)对水域、海区敷设航线时,应尽可能避免像主点落水,保证所有岛屿覆盖完整并能组成立体像对。

(5)采用 GNSS 领航时,应计算出每条航线首末摄站的经度(即坐标)。

(6)GNSS 辅助空三航摄时,加密分区航线两端按合同要求布设控制航线;当沿图幅中心线敷设航线时,平行于航摄飞行方向的测区边缘应各外延一条航线。

5. 选定航摄时间

选择的航摄时间既要保证具有充足的光照度，又要避免过大的阴影，可参考表 2-3 执行。

表 2-3　航摄时间选择要求

地形类别	太阳高度角(h_θ)	阴影倍数（倍）
平地	>20°	<3
丘陵地、小城镇	>30°	<2
山地、中等城市	≥45°	≤1
高差特大的陡峭山区和高层建筑物密集的大城市	限在当地正午前后各 1h 进行摄影	<1

对高差特大的陡峭山区或高层建筑物密集的特大城市，设计时亦可参照下式计算：

$$T_\phi = 12^h - \sqrt{\frac{1 - \cos t_\theta}{0.03}}, \qquad \cos t_\theta = \frac{h_\theta - \delta_\theta}{90° - \psi} \tag{2-1}$$

式中，T_ϕ 为摄区的地方时（使用时应算成北京准时）；12^h 为摄区当地正午时间；t_θ 为太阳时角，单位为度；h_θ 为摄影要求的太阳高度角，单位为度；δ_θ 为摄影日期的太阳赤纬，单位为度；ψ 为摄区的平均纬度，单位为度。

2.2.4　航空摄影技术设计书内容

1. 航空摄影技术设计书封面格式

（1）航空摄影技术设计书封面应包括：设计书名称、摄区代号、用户单位、执行期限、编制单位、编制人、审批单位、审批人及编制时间等要素。

（2）航空摄影技术设计书名称书写形式：省（直辖市、自治区）名——摄区名——航摄技术设计书。

2. 航空摄影技术设计书内容

（1）航空摄影技术设计书内容应包括：封面、任务说明、航摄因子计算表、飞行时间计算表、航摄材料消耗计算表、GNSS 领航数据表、摄区略图等。

（2）航空摄影技术设计书任务说明中还应包括用户在合同中提出的特殊内容。

2.2.5　编制航空摄影技术设计书

1. 编制航空摄影技术设计书流程

1)准备工作

根据合同内容准备技术设计用图和摄区范围图,将摄区范围准确地标绘在设计用图上。

2)划分航摄分区

根据合同及航摄分区的划分原则在地形图或 DEM 上将摄区划分为若干个航摄分区。分区划分完毕,按从左到右、自上而下的顺序,在摄区范围图及设计用图上对分区进行编号。

3)确定分区平均平面高程

分区平均平面高程是将分区内个别突出最高点与最低点舍去,使分区内高点平均高程与低点平均高程面积各占一半的平均高程平面。

(1)采用 DEM 设计时,分区平均平面高程用下式计算:

$$H_{平} = \frac{\sum_{i=1}^{n} H_i}{n} \tag{2-2}$$

式中,$H_{平}$ 为分区平均平面高程,单位为 m;H_i 为分区 DEM 格网点的高程值,单位为 m。

(2)在地形图上设计时,分区平均平面高程用下式计算:

$$H_{平} = \frac{H_{最高} + H_{最低}}{2} \tag{2-3}$$

式中,$H_{最高}$ 为分区内最高高程,单位为 m;$H_{最低}$ 为分区内最低高程,单位为 m。

确定平均平面高程需确保合同规定的航摄比例尺精度,并计算航摄飞行的安全高度和侧、前方安全距离,检查航摄飞行范围内地形满足安全飞行的要求。

4)绘制摄区略图

略图绘制一般采用 A4 图纸,要求绘制规范、字体工整、图上数据准确,线条宽度以图廓线为基准,分区、摄区界线按倍率关系逐个加宽。

略图上注记摄区代号,分区编号,图幅编号,摄区经纬度,重要城镇、河流、湖泊、国界及禁飞区,以及其他说明。

5)计算航摄主要数据

需要计算航摄因子(见表 2-4)、航摄时间、摄影材料消耗量等,当采用 GNSS 领航时，还应按航线计算领航数据（见表2-5）。

表2-4　航摄因子计算表

摄区代号：　　　　　航摄仪类型：　　　　焦距：　　　　mm　　　机型：

分　　区			说　　明
地区分类			
面积（km²）			
航摄比例尺			
分区	突出最高点高程（m）		
	高平均面 $H_{高平}$（m）		
	高差（相对于平均平面）（m）		高差 $= H_{高平} - H_{平}$
	平均平面 $H_{平}$（m）		
相对航高 H_T（m）			$H_T = mf$
绝对航高 H_S（m）			$H_S = H_{平} + H_T$
重叠度（%）	航向 p_x		
	旁向 q_y		
摄影基线长度 B（km）			
航线敷设方法			
航线间隔 D_y（km）			
分区宽度（km）			
航线条数			分区宽度除以航线间隔
航线长度（km）			分区长度加上两条基线长度
平均每条摄线像片数/张			航线长度除以基线长度
分区像片数/张			每条航线像片数乘以航线条数

编制人：　　　　　　　检查人：　　　　　　　技术负责人：

表 2-5　GNSS 领航数据表

摄区名称：　　　　　　　摄区代号：　　　　　　　分区编号：

航摄仪类型：　　　　　　焦距：　　　　　　　　　绝对航高：

航线编号			
西开经度(′)			
航迹纬度(′)			
东开经度(′)			
航线长度(km)			
航片数量(张)			
航向高点(m)			
航向最小重叠度 p_x(%)			
旁向高点(m)			
旁向最小重叠度 q_y(%)			

编制人：　　　　　　　检查人：　　　　　　　技术负责人：

如图 2-3 所示，航空摄影的地面分辨率(GSD)取决于飞行高度 H，按照下式可求得对应于 GSD 的飞行高度：

$$\frac{a}{\text{GSD}} = \frac{f}{H} \Rightarrow H = \frac{f \cdot \text{GSD}}{a} \qquad (2\text{-}4)$$

式中，H 为相对航高(H_T)，f 为镜头焦距，a 为像元尺寸，GSD 为地面分辨率。

6）编写任务说明

主要包括任务来源、编制设计依据及基本概况，使用机场、机型、航摄仪类型及焦距、领航方法；摄区地貌、地物情况、气象状况、执行任务的有利与不利因

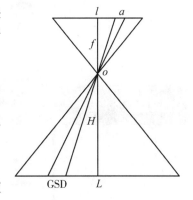

图 2-3　相对航高示意图

素；合同中对地面处理与成果质量的特殊技术要求；航摄资料提供的要求，以及特别需要说明的其他事项，如国界、禁区、安全高度保证等。

2. 校核与审批航空摄影技术设计书

（1）航空摄影技术设计书编制完成后，编制人员完成自查、互查。

（2）编制单位技术负责人校核签字，对设计数据正确性负责。校核内容包括分区划分

合理性、安全高度可行性、设计数据正确性、摄区略图所示的摄区和经纬度注记正确性、任务说明完整性等。

（3）航空摄影技术设计书由编制单位业务主管审批后，方可按其组织生产。

（4）航摄单位编制的航空摄影技术设计书审批后，应向用户备案。

（5）航空摄影技术设计书如需做原则性修改或补充，可由编制单位提出修改或补充意见，及时上报原审批单位核准后再执行。

任务结构图

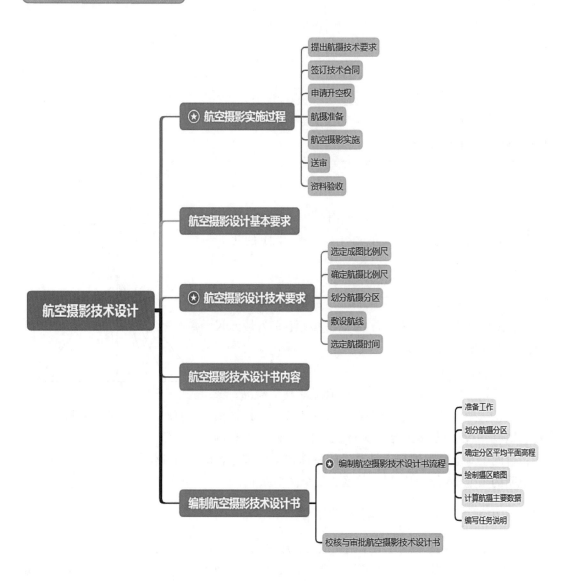

思政小课堂

爱 国 敬 业

张祖勋，中国工程院院士、摄影测量与遥感学家，武汉大学教授、博导，2003 年当选国际欧亚科学院院士。他在航空(天)影像测图自动化方面取得了国际一流的研究成果，其数字摄影测量研究成果享有很高的国际声誉，1994 年在澳大利亚首次推出具有我国自主知识产权的数字摄影测量系统 VirtuoZo 的 SGI 工作站版；1998 年成功开发了微机版，实现了摄影测量产业的跨越式发展。迄今为止，VirtuoZo 在国内外已经推广应用一千余套，产生经济效益逾亿元。

"你们中国人连我们仪器上的一颗螺丝钉也造不出！"1976 年，张祖勋赴瑞士最先进的航测仪器厂学习，被瑞士技术人员的这句话深深刺痛。他下定决心，要让中国的测绘遥感技术在国际上拥有立足之地。

1978 年，我国航空摄影测量和遥感学科的主要奠基人王之卓，提出全数字化摄影测量观点。"那个年代，存储一张照片至少要 128MB 的空间，而计算机内存只有 64KB，完全不成比例。"作为王之卓院士的得力学生，他顶住质疑，从零开始，带团队埋头苦干 14 年，成功研制 SoDAMS(数字化自动测图系统软件)，后来更名为：VirtuoZo。

在与澳大利亚合作谈判时，澳方最初提出 1992 年之前的知识产权属武汉测绘科技大学，1992 年开始合作后的知识产权属"双方共同所有"。张祖勋院士据理力争，对方最终同意在长达 23 页的合同上注明："武汉测绘科技大学拥有版权！"正是这关键的一笔，才有了 VirtuoZo 的今日。

张祖勋院士还首创性地提出数字摄影测量网格思想，研制出我国首套完全自主知识产权的航空航天遥感影像数字摄影测量网格处理系统 DPGrid，彻底打破了国际软件的垄断地位。2019 年，他再次提出第三种摄影方式——贴近摄影测量。

我们应该学习张祖勋院士热爱祖国、尊重科学，勤于探索、勇于创新，严谨求实、学风正派，追求真理、敬业奉献的高尚品德。

拓展与思考

(1)查阅资料，简述无人机航空摄影测量技术设计的原则与要求。

(2)通过查阅航空摄影技术设计规范，了解航空摄影困难类区如何划分。

(3)思考在地形高差显著、陡峭的山区，当安全高度保证有问题时，平均平面高程该如何确定。

项目 3
摄影测量外业数据采集

☞ 项目导读

　　外业工作是摄影测量工作中非常重要的组成部分，是摄影测量内业工作的前提和基础，包括航空摄影、像片控制测量(也称像片联测)和像片判读与调绘，后两项工作可以同时进行，也可以先后完成。航摄像片的质量直接影响摄影测量过程的繁简、摄影测量成图的工效和精度，所以必须严格把控像片质量和飞行质量。像控点的布设与精度是内业加密控制点和测图的依据，一旦出现错误，将会给整个成图过程造成十分严重的影响。因此，摄影测量外业数据采集时必须严格遵守规范规定，牢固树立质量第一思想。

☞ 学习指南

　　了解航摄影像的获取过程及航摄资料的摄影质量要求，掌握控制飞行质量的像片倾角、摄影航高、航高差、摄影比例尺、像片重叠度等规范要求，会评定航摄像片的质量；掌握像片控制点及布设的基本要求，理解并掌握像片控制测量的布点方案、特殊情况的布点方案，了解像片控制测量技术计划拟定的流程，掌握像控点测量时的刺点方法；通过项目实训，掌握无人机操作方法，能正确设置航摄质量控制参数，具备采集航测影像的能力。

任务 3.1　获取影像

3.1.1　航空摄影测量过程

1. 航空摄影

　　航空摄影在专用飞机上安装航空摄影机，通过对地面的连续摄影，以获取所摄地区的原始资料或信息。它主要为航测提供基本的测图资料——航摄像片(或影像信息)以及一些摄影数据等。

2. 航测外业

航测外业主要包括像片控制测量和像片调绘两项内容。它是为了保证航测内业加密或测图的需要在野外实地进行的航测工作。

（1）像片控制测量：在少量大地点或其他基础控制点基础上，按照航测内业需要，在航摄像片规定位置上选取一定数量的点位，利用地形测量等方法测定出这些点的平面坐标和高程。

（2）像片调绘：利用航摄像片所提供的影像特征，对照实地进行识别、调查，做必要注记，并按照规定的取舍原则和图式符号表示在航片上。

3. 航测内业

航测内业是在室内依据航测外业等成果，利用一定的航测仪器和方法所完成的航测工作。航测内业主要包括控制点加密（解析空中三角测量）、像片纠正、立体测图等各项工作。

（1）加密控制点：为了满足内业测图或制作像片平面图的需要，像片上必须有一定数量的已知控制点（定向点或纠正点），这些点若仅凭外业解决，存在数量不够、外业工作量大等问题。目前，该项工作在航测内业中主要采用解析空中三角测量方法解决。

（2）纠正像片：这是为消除航摄像片与正射影像之间的差异，满足像片测图及制作正射影像图的需要而进行的航测内业工作。

（3）立体测图：这是航测成图的主要方法，为生产单位广泛使用。目前主要是利用全数字摄影测量系统进行立体测图。

航空摄影测量的作业过程可以用图 3-1 简明表示。

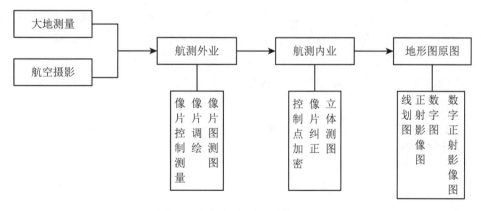

图 3-1　航空摄影测量的作业过程

3.1.2 航空资料技术要求

空中摄影获得的航摄底片是航测成图基本原始资料，其质量优劣直接影响摄影测量过程的繁简、摄影测量成图的工效和精度。因此，摄影测量时要对空中摄影提出相应的质量要求，包括摄影质量和飞行质量的基本要求。

1. 像片摄影质量

像片摄影质量主要是指影像的构像质量、几何质量和表观质量。具体表现为底片影像密度、不均匀变形、压平质量以及航摄机内方位元素检验精度等内容。以《1∶5000、1∶10000、1∶25000、1∶50000、1∶100000 地形图航空摄影规范》（GB/T 15661—2008）为例，对像片摄影质量提出了以下要求：

（1）底片影像密度。航摄底片的构像质量应满足下列要求：

①灰雾密度（D_0）不大于 0.2，摄影比例尺小于 1∶50000 时不大于 0.3；

②最小密度（$D_{\min}$）不小于 $D_0+0.2$；

③最大密度（$D_{\max}$）为 1.2~1.6；对于极少数特别亮的地物，最大密度可以超过 1.6，但不得大于 2.0；而在地物亮度特小的地区（如草原、森林），最大密度可以小于 1.2，但不得小于 1.0；

④反差（ΔD）为 0.6~1.4（对于沙漠、森林等地密度反差最小为 0.5），其最佳值为 1.0；1∶50000、1∶100000 摄影时为 0.7~1.5。

（2）不均匀变形。最大曝光时间除保证航摄胶片正常感光外，还应确保因飞机地速的影响，在曝光瞬间造成的像点最大位移不超过 0.04mm。

（3）表观质量。应满足下列要求：

①用目视直接观察底片时，应影像清晰、层次丰富、反差适中、色调柔和；能辨认出与摄影比例尺相适应的细小地物影像；能建立清晰的立体模型。

②底片上不应有云、云影、划痕、静电斑、折伤、脱胶等缺陷。除用于编制影像平面图、影像图和数字摄影测量以外，虽然存在少量缺陷，但不影响立体模型的连接和测绘时，则认为可以用于测制线划图。

③框标影像和其他记录影像必须清晰、齐全，各类附属仪器仪表记录资料应满足测图单位提出的具体要求。

2. 飞行质量

1）像片倾角

以测绘为目的的空中摄影多采用竖直摄影方式，即要求航摄仪在曝光的瞬间，摄影机物镜主光轴垂直于地面。实际上，由于飞机的稳定性和摄影操作技能限制，摄影机主光轴在曝光时总会有微小的倾斜。在摄影瞬间摄影机轴发生了倾斜，摄影机轴与铅直方向的夹角 α 称为像片倾角，如图 3-2 所示。当 $\alpha = 0$ 时为垂直摄影，是最理想的情形。但飞机受气流的影响，航机不可能完全置平，一般要求倾角 α 不大于 2°，最大不超过 3°。

由像片边缘的水准器影像中气泡所处位置判读其倾角。对无水准器记录的像片，若发现可疑，可以在旧图上选择若干明显地物点，用摄影测量方法进行抽查。

2）摄影航高

摄影航高简称航高，以 H 表示，是指航摄仪物镜中心 S 在摄影瞬间相对于某一基准面的高度。航高的计算是从该基准面起算，向上为正号。根据所取基准面的不同，航高可以分为相对航高和绝对航高，如图 3-3 所示。摄影航高一般是指相对航高。

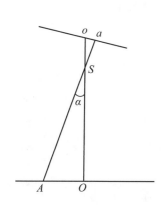

图 3-2　像片倾角与绝对航高

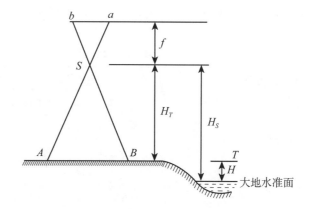

图 3-3　相对航高与绝对航高

（1）相对航高 H_T：航摄仪物镜中心 S 在摄影瞬间相对于某一基准面（通常是摄影区域地面平均高程基准面）的高度。

（2）绝对航高 H_S：航摄仪物镜中心 S 在摄影瞬间相对于大地水准面的高度。摄影区域地面平均高程 H、相对航高 H_T 与绝对航高 H_S 之间的关系为

$$H_S = H + H_T \tag{3-1}$$

3）摄影比例尺

摄影比例尺（亦可称为航摄比例尺）是指空中摄影计划设计时的像片比例尺，其严格定义为：航摄像片上线段 l 的影像与地面上相应线段的水平距离 L 之比，即：

$$\frac{1}{m} = \frac{l}{L} \tag{3-2}$$

式中，m 为摄影比例尺分母。

在实际使用时，由于航空摄影时航摄像片不能严格保持水平，再加上地形起伏变化，所以航摄像片上的影像比例尺处处不相等。我们所说的摄影比例尺是指平均比例尺，当取摄区内的平均高程面作为摄影基准面时，摄影机的物镜中心至该面的距离称为

航高，一般用 H 表示，摄影比例尺表示为：

$$\frac{1}{m} = \frac{f}{H}$$

（3-3）

式中，f 为摄影机主距(焦距)。上式是摄影测量中常用的重要公式之一。

摄影比例尺越大，像片地面分辨率越高，有利于影像的解译与提高成图精度。但摄影比例尺过大，将增加工作量及费用，所以摄影比例尺的选取要以成图比例尺、摄影测量内业成图方法和成图精度等因素综合考虑选取，另外，还要考虑经济性和摄影资料的可使用性。摄影比例尺可以分为大、中、小三种比例尺，应该根据不同摄区的地形特点，在确保测图精度的前提下，本着有利于缩短成图周期、降低成本、提高测绘综合效益的原则进行选择。为充分发挥航摄负片的使用潜力，考虑上述因素，一般都应选择较小的摄影比例尺。摄影比例尺与成图比例尺之间的关系可以参照表3-1。

表3-1　摄影比例尺与成图比例尺的关系

比例尺类别	摄影比例尺	成图比例尺
大比例尺	1：2000～1：3000	1：500
	1：4000～1：6000	1：1000
	1：8000～1：12000	1：2000
		1：5000
中比例尺	1：15000～1：20000(像幅 23cm×23cm)	
	1：10000～1：25000	1：10000
	1：20000～1：40000	
小比例尺	1：20000～1：30000	1：25000
	1：35000～1：55000	1：50000
	1：60000～1：100000	1：100000

当选定了摄影机和摄影比例尺，即 f 和 m 为已知后，航空摄影时就要求按计算的航高 H 飞行摄影，以获得符合生产要求的摄影像片。由于飞机在飞行中很难精确确定航高，所以要求差异一般不得大于 $5\%H$。同一航线内摄影站的高差不得大于50m。

4）像片重叠度

用于地形测量的航摄像片，必须使像片覆盖整个测区，而且能够进行立体测图，相邻像片应有一定的重叠，像片的重叠部分是立体观察和像片模型连接所必需的条件。在航向方向必须有3张相邻像片有公共重叠影像，这一公共重叠部分称为三度重叠部分，如图3-4所示，这是摄影测量选定控制点的要求。

同一航线内相邻像片之间的重叠影像称为航向重叠，相邻航线之间的重叠称为旁向重叠。重叠大小用像片的重叠部分与像片边长比值的百分数表示，称为重叠度，如图 3-5 所示。航向重叠一般要求为 60%~65%，最小不得小于 53%；旁向重叠一般规定为 30%~ 35%，最小不得小于 13%。

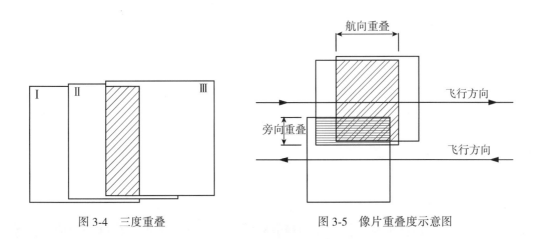

图 3-4   三度重叠   图 3-5   像片重叠度示意图

重叠度小于最小限定值时，称为航摄漏洞，不能用正常航测方法作业，必须补飞补摄；重叠度过大时，则会造成浪费，也不利于测图。当测区地面起伏较大时，还要增大重叠度，才能保证像片立体量测与拼接。航向重叠和旁向重叠在摄影测量中具有重要的意义，是摄影测量立体测图的基础。

5）航高差

在《1∶5000   1∶10000   1∶25000   1∶50000   1∶100000 地形图航空摄影规范》（GB/T15661—2008）中规定：①同一航线上相邻像片的航高差不得大于 30m；最大航高与最小航高之差不得大于 50m；②摄影分区内实际航高与设计航高之差不得大于设计航高的 5%。

《1∶500   1∶1000   1∶2000 地形图航空摄影规范》（GB/T 6962—2005）中规定：①同一航线上相邻像片的航高差不得大于 20m；最大航高与最小航高之差不得大于 30m；②航摄分区内实际航高与设计航高之差不得大于 50m；当相对航高大于 1000m 时，其实际航高与设计航高之差不应大于设计航高的 5%。

6）航线弯曲度

把一条航线的航摄像片根据地物影像叠拼起来，连接首尾像片主点成一直线，同时量出其距离 D。航线中各像主点若不落在该直线上，航线则呈曲线状，称之为航线弯曲。其中偏离航线最大的像主点到该直线的垂距 L（称为最大弯曲矢量）与航线长度 D 之比以百分比表示，称为航线弯曲度 R，如图 3-6 所示。航线弯曲度会影响到航向重叠、旁向重叠的一致性，如果弯曲太大，则可能会产生航摄漏洞，甚至影响航摄测量作业。因此，航线弯曲度一般规定不得大于 3%。

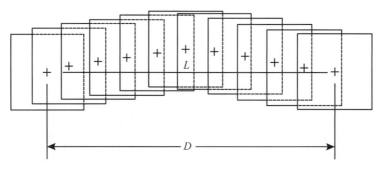

图 3-6　航线弯曲度示意图

$$R\% = \frac{L}{D} \times 100\% \tag{3-4}$$

7）像片旋偏角

航线中相邻两像片主点的连线与像幅沿航带飞行方向的两框标连线之间的夹角称为像片旋偏角，习惯用 κ 表示，如图 3-7 所示。它由摄影时航摄机定向不准确而产生。旋角不但会影响像片的重叠度，而且还给航测内业作业增加困难。因此，一般要求像片的旋偏角小于 6°，个别最大不应大于 8°，而且不能有连续 3 张像片超过 6° 的情况。像片旋偏角过大，会减小立体像对的有效作业范围，当框标连线定向时，会影响立体观测效果。

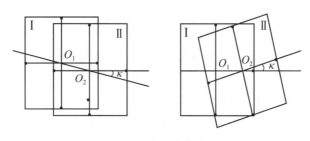

图 3-7　像片旋偏角

3.1.3　评定空中摄影质量

空中摄影完成之后，当天应进行摄影处理，并对摄影质量进行评定。评定质量时应从以下几个方面检查：

（1）负片上影像是否清晰、框标影像是否齐全，像幅四周指示器件的影像（如水准气泡、时钟、像片号等）是否清晰可辨；

（2）由于太阳高度角的影响，地物阴影长度是否超过摄影规范的规定，地物阴暗和明亮部分的细部能否辨认清楚；

（3）航摄负片上是否存在云影、划痕、斑点、折伤和乳剂脱落等现象；

（4）负片上的黑度、影像反差、灰雾度（蒙翳）不得大于规范要求，是否满足影像清晰、色调一致、层次丰富、反差适中的要求；

（5）航带的直线性、航带间的平行性、像片影像的重叠度、航高差和摄影比例尺等都要检查评定，并不得超出规定的技术指标；

（6）航摄像片应具有一定的现势性。

任务结构图

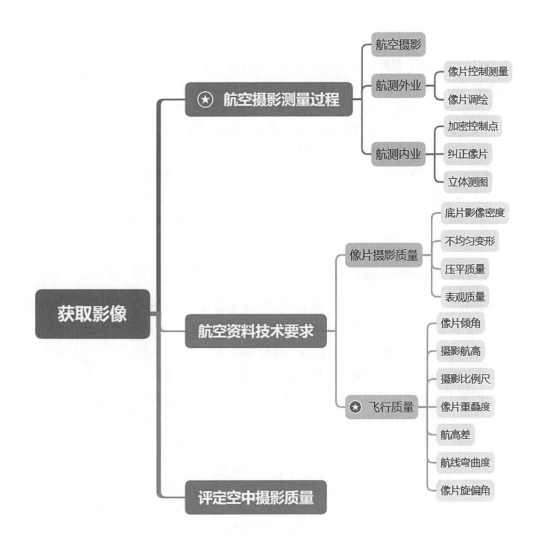

任务 3.2　像片控制测量

航测外业的像片控制测量是以测区 5″以上的平面控制点和等外水准以上的高程控制点为基础，采用地形测量方法，在像片规定范围内联测出像片上明显地物点（称为像片控制点）的大地坐标，并在实地把点位准确刺到像片上的整个作业过程。航测外业控制测量目的是为内业成图和加密提供一定数量且符合规范要求、精度较高的控制点。

3.2.1　像片控制点及其布设基本要求

1. 航测外业控制测量基本任务

利用航摄像片确定地面坐标，必须提供一定数量在像片上可准确识别的地面控制点，通常由航测外业的像片控制测量（或称像片联测）完成。像片控制测量可以在已有一定数量大地点的基础上采用地形控制测量方法进行，也可采用 GNSS 定位技术直接测定各摄站坐标，此法在满足一定精度条件下，免去了对地面已知点的要求。

由于航测外业（简称航外）测量控制点是航测成图的数学基础，是内业加密控制点和测图的依据，因此具有十分重要的作用。不难明白，一旦航测外业控制点出现错误，将会给整个成图过程带来十分严重的影响。因此，航外测量人员必须认真负责，严格细致地工作，遵守规范规定，树立质量第一思想，为内业提供可靠的优质成果，这样才能保证最后成图的质量。

2. 像片控制点的分类及编号

像片控制点是指符合航测成图各项要求的测量控制点，简称像控点，分为以下三种：

（1）平面控制点：只需测定点的平面坐标，简称平面点。

（2）高程控制点：只需测定点的高程，简称高程点。

（3）平高控制点：需同时测定点的平面坐标和高程，简称平高点。

在生产中为了方便地确定控制点的性质，一般用 P 代表平面点，G 代表高程点，N 代表平高点，V 代表等外水准点。后续插图中以 ○ 表示平面点，● 表示高程点，⊙ 表示平高点，⊗ 表示水准点，☑ 表示像主点。另外，引点及支点的编号采用在本点编号和点名后加注数字的形式表示。

野外像片控制点连同测定这些点所做的过渡控制点，在同期成图的一个测区内要分别统一编号，编号方法可采用按字母后附加数字（例如 P_3）的方法，编号顺序采用同一航线从左到右，航线间从上到下的顺序，编号中不得出现重号，以免发生混淆。例如，平

面点为 P_1，P_2，P_3，…；高程点为 G_1，G_2，G_3，…；平高点为 N_1，N_2，N_3，…；而过渡控制点的字母不做统一规定，可自己选用，如 A_1，A_2 或 F_1，F_2，…。

此外，同一幅图或同一区域内，像片控制点应按从左至右、从上到下的顺序统一安排，有次序地进行编号，以方便查找和记忆。同一类点在同一幅图或同一布点区内不得同号；利用邻幅或邻区的控制点时仍用原编号，但应注明邻图图幅号。

3. 像片控制点布设的基本原则

(1)像控点的布设必须满足布点方案要求，一般按图幅布设，也可按航线或采用区域网布设。

(2)位于不同成图方法图幅之间的控制点，或位于不同航线、不同航区分界处的像片控制点，应分别满足不同成图方法的图幅或不同航线和航区各自测图的要求，否则应分别布点。

(3)在野外选刺像片控制点，不论平面点、高程点、平高点，都应选刺在明显目标点上。

(4)当图幅内地形复杂，需采用不同成图方法布点时，一幅图内一般不超过两种布点方案，每种布点方案所包括的像对范围相对集中，可能时应尽量按航线布点，以便于航测内业作业。

(5)像控点布设应尽量使内业所用的平面点和高程点合一，即布设成平高点。

4. 像片控制点布设基本要求

航外像片控制点的布设不仅与布点方案有关，而且必须考虑航测成图的特点，即考虑在航测成图过程中像点量测的精度，绝对定向和各类误差改正对像片控制点的具体点位要求。为此，规范规定航外像片控制点应满足下列要求：

(1)选用的像片控制点应影像清晰、易于判别，当与其他像片条件发生矛盾时，着重考虑目标条件。

(2)一般布设在航向及旁向6片重叠范围内，如果选点有困难，也可以选在5片重叠范围内。

(3)布设控制点尽量能共用。

(4)因为像片边缘存在着较大的各种影像误差，清晰度较低，不能保证立体量测精度，所以要求航外像片控制点距像片边缘不小于1cm(18cm×18cm 像幅)或 1.5cm(23cm×23cm 像幅)。

(5)为了保证不影响立体观测和量测精度，航外像片控制点距像片的压平线和各类标志不小于1mm。

(6)为了保证旁向模型连接、控制点共用，提高航线网旁向倾斜和鞍形扭曲两种模型变形的改正精度，控制点选在旁向重叠中线附近，离开方位线的距离大于3cm(18cm ×

18cm 像幅）或 5cm（23cm×23cm 像幅）；当旁向重叠过大时，离开方位线的距离应大于 2cm（18cm×18cm 像幅）或 3cm（23cm×23cm 像幅）。

（7）航线两端的控制点应分别布设在图廓线所在的像对内，每端上、下两控制点最好选在通过像主点且垂直于方位线的直线上，相互偏离不超过一条基线。航线中央的控制点应尽量选在两端控制点的中间，左右偏离不超过一条基线。

（8）控制点在相邻航线上不能共用时，要分别布点，此时控制范围所裂开的垂直距离不得大于 2cm。

（9）位于不同方案布点区域间的控制点应确保精度高的布点方案能控制其相应面积，并尽量共用，否则按不同要求分别布点。

（10）位于自由图边、待成图边以及其他方法成图的图边控制点，须布设在图廓线外 4mm 以上。

5. 航测成图对地形类别的划分

现行航空摄影测量外业规范按图幅内大部分地面坡度和高差划分地形类别，将我国的地形划分为四类，见表 3-2。

表 3-2　我国地形类别划分表

地形类别	地面坡度	高差（m）
		1∶25000、1∶50000、1∶100000
平　地	2°以下	<80
丘陵地	2°~6°	80~300
山　地	6°~25°	300~600
高山地	25°以上	>600

同时规定，当地面倾斜角和地面高差发生矛盾时，划分地形类别应以地面倾斜角为主。这是因为高差和坡度既有联系又有区别，当地面为等倾斜坡面时，坡度和高差一致，但实际情况往往比较复杂，如石山地区，按高差应属丘陵地，但坡度很大，高程测量精度只能达到山地要求。黄土地貌也有类似情况。也就是说，测绘等高线的精度与地面坡度关系更为密切，划分地形类别时，应以地面倾斜角为主。

地形类别是根据用图部门对不同地形条件下测制地形图的精度要求而划分的，因此地形类别不同对成图精度要求也不同。如规范要求 1∶50000 地形图等高线对最近的野外高程控制点的高程中误差：平地、丘陵地、山地、高山地分别不超过 3m、5m、8m、14m。地形类别不同，对相应的加密点、高程注记点、等高线的高程要求也不一样。由此可以看出，地形类型的划分实质上是成图精度的划分。

3.2.2　布设航外像片控制点

根据成图方法和成图精度的要求，在航摄像片上确定航外控制点的分布、数量和性质等各项内容，叫做像片控制测量的布点方案。布点方案分为全野外布点方案、非全野外布点方案和特殊情况布点方案等。

1. 全野外布点方案

通过野外控制测量获得的航外控制点不需内业加密，直接提供内业测图定向或纠正使用，这种布设方案称为全野外布点方案。这种方案要求点位既要符合像片控制点布设的基本要求，又要满足内业成图作业要求，虽然精度高，但费工费时，只有在遇到下列情况时才采用：

(1)航摄像片比例尺较小，而成图比例尺较大，内业加密无法保证成图精度；

(2)用图部门对成图精度要求较高，采用内业加密不能满足用图部门需要；

(3)由于设备限制，航测内业暂时无法进行加密工作；

(4)由于像主点落水或其他特殊情况，内业不能保证相对定向和模型连接精度。

2. 非全野外布点方案

航测内业测图所需像片控制点主要由内业采用空中三角测量加密取得，在航外测量中只测定少量必需的控制点作为内业加密基础，这种方案称为非全野外布点方案。这种布点方案在满足内业测图精度情况下，大量减少了外业控制测量工作量，可提高工作效率。非全野外布点方案按航线数分为单航线和区域网两种。

1)航线网控制点的跨度

解析法空中三角测量航线网加密，是通过航线上每隔一定距离由外业提供的少量控制点加密测图定向点。如果外业控制点间隔增大，则距离控制点较远的加密点的精度就会降低，显然离野外控制点越远，精度也就越低。一般情况下，精度最弱处应在航向两野外控制点间隔的中央。如果要使航线网内精度最弱处的加密点平面和高程中误差不超出允许值，就必须限制每段航线网的跨度，即限制野外控制点在航线方向上的间隔距离（或基线数）。限制航线跨度是通过计算航线上最弱点精度是否满足测图要求来实现，航线跨度越大，最弱点的误差就越大，在这一位置上加密点的精度就越低。

通常限制航线跨度是按空中三角测量精度估算公式进行反算，即根据规范规定的加密点允许误差，由给定精度估算公式反算出相应的航线网跨度值。

空中三角测量中加密点的平面和高程中误差按下式进行估算：

$$m_s = \pm 0.28k \times m_q \sqrt{n^3 + 2n + 46} \tag{3-5}$$

$$m_h = \pm 0.088 \frac{H}{b} m_q \sqrt{n^3 + 23n + 100} \tag{3-6}$$

式中，m_s 为加密点的平面位置中误差，mm；m_h 为加密点的高程中误差，m；k 为像片比例尺分母与成图比例尺分母之比；m_q 为上下视差量测的中误差，可采用规范的规定值，mm；n 为基线数，即航线方向两相邻像控点之间允许的摄影基线数；H 为相对航高，m；b 为像片基线平均长度，mm。

式(3-5)反算平面点的跨度，式(3-6)反算高程点的跨度。计算时，m_s、m_h 是根据加密点应具有的精度提出来，为已知值。当像幅为 23cm × 23cm 时，$b = 85$mm，$m_q = 0.025$mm，$k = m/M$，为可求值，故可反算出 n 值。航线方向两相邻像控点间允许的跨度，摄影基线数为 n 条，距离长度 $S = nbm/1000$。需注意，式(3-5)、式(3-6)估算精度是指相邻航线加密结果取中数后的精度。因此，单航线加密时反算的跨度应再除以 $\sqrt{2}$，方为最后结果。

2）单航线布点

平高单航线布点航向跨度为式(3-5)、式(3-6)（按单航线）计算的 n，并在航线两端及中间布 3 对平高点，平面点与高程点的 n 值不等时，一般应尽量按较小的 n 值，平高结合布点。平面点间隔和高程点间隔相差较大时，也可分别布点。如图 3-8 所示。

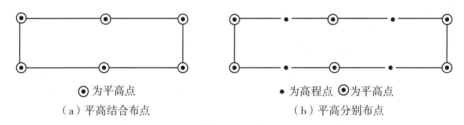

（a）平高结合布点　　　　　　　　（b）平高分别布点
⊙ 为平高点　　　　　　　• 为高程点 ⊙为平高点

图 3-8　单航线布点

单航线控制点点位除满足一般规定外，还需满足下列条件：

（1）航线两端的上下点位于通过像主点且垂直于方位线的直线上，互相偏离一般不大于半条基线，个别最大不得大于 1 条基线。

（2）航线中间的两控制点，布设在两端控制点的中线上，其偏离一般不超过左右 2 条基线的范围；困难地区偏离不得超过左右 3 条基线，其中一个控制点位于中线上或两个控制点，同时等距离向中线一侧偏离。若两控制点同时向中线一侧偏离，则不得超过 1 条基线。

3）区域网布点

（1）平高区域网布点。航测成图常以区域进行控制和加密。区域划分应依据成图比例尺、航摄比例尺、测区地形特点、航区实际划分以及程序具有功能等全面考虑。为方便作业和保持图内加密精度基本一致，区域网的形状一般以横两幅、纵两幅为宜，也可不按图幅而按航线段或航摄分区划分区域。

平高区域网布点时，要求每条航线的两端必须布设高程点，应用式(3-5)、式(3-6)估算平面点和高程点的间隔 n。

平地、丘陵布设高程点时，除区域网周边布设外，区域网内部高程点的间隔按高程点计算间隔(n)布设；山地、高山地的区域网内部高程点可按 $2(n)$ 及 (n) 交替布设，如图3-9所示。

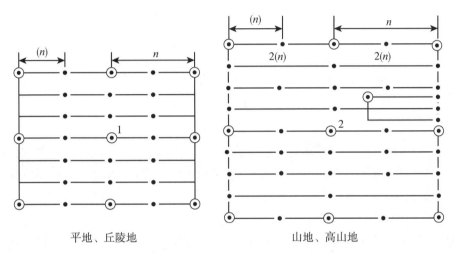

(n)为高程点间隔；n 为平面点间隔。

图3-9　平高区域网布点

为了区域网的再划分，1、2点也可布设为平高点。如遇补飞，补飞航线的两端布设一个平高点和两个高程点，如图3-9所示。

(2)不规则区域网布点。平高区域网边界不规则时，应在区域网周边的凸角处布设平高点，凹角处布设高程点；当沿航向的凸凹角间距大于或等于3条基线时，则在凹角处也应布成平高点。布点的其他要求与平高区域网相同，如图3-10所示。

3. 特殊情况布点方案

受地形条件或航摄资料的影响，如航区内大面积水域致使主点和标准点位落水，摄影航线航向或旁向重叠过大或过小，航区分界处两个摄影区域的衔接等，按规范规定布点有困难或不能保证作业精度时，必须采取比较灵活的办法实施布点，这种布点方案称为特殊情况的布点方案。

1)控制航线布点

在1∶100000成图的困难地区，可垂直于测图航线的控制航线(又称构架航线)进行加密成图。每条控制航线布设6个平高点，相邻两个控制点或两对控制点之间的距离按

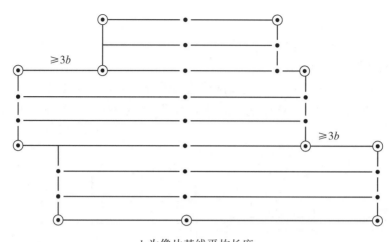

b 为像片基线平均长度

图 3-10 不规则区域网布点

式(3-5)、式(3-6)计算。当平高与高程允许距离发生矛盾时，应以高程为准。控制航线之间的距离也可根据测图航线加密要求按式(3-5)、式(3-6)计算设计。控制航线控制点的点位要求与航线网对点位的要求相同。

2）航区分界处布点

当以图幅为单位按航线布点，航向相同，航区分界位于旁向时，不论航摄仪是否为同类型，焦距是否相等，旁向重叠多少，航高差多大，均按同一航区相邻航线对航摄资料的有关要求和布点的有关规定进行布点。

当以图幅为单位按航线布点，航向相同，航区分界位于航向时，若两航区使用同一类型的航摄仪，其焦距之差小于0.03mm，航向重叠正常，旁向衔接错开小于10%，衔接后的弯曲度在3%以内，航高差在摄影时平均相对航高的1/50以内时，可按同一航线处理；否则，控制点应布在航区分界的重叠部分，控制点尽可能共用，如不能共用，须分别布点。当航区分界处两侧航线各自满足本航线要求分别布点时，应注意控制范围不能产生控制漏洞。

3）航向重叠过大或过小时布点

（1）航向重叠过大。像片航向重叠大于80%，一般称为航向重叠过大。航向重叠过大，无疑会增大内外业工作量，造成不必要的浪费，这时可根据实际情况抽去部分多余像片，以抽后的像片数为准，布设像片控制点。需注意抽片后相邻像片之间的航向重叠不应小于规范规定的最小重叠度。

（2）航向重叠过小。立体测图时，若航向重叠不符合航空摄影规范的最小重叠度而产生摄影漏洞，则应以漏洞边缘为界。两侧各自按短航线或单、双模型的要求分别进行布点。在航摄漏洞处，可采用平板仪测图或单张像片测图方法补测。若用像片影像图测图方法，则应在漏洞4个角隅各布设一个平高控制点，以供内业进行分带纠正时使用。这些平高点应尽量与漏洞两侧所布的点共用,以利于不同方法测图的接边。如图 3-11 所示。

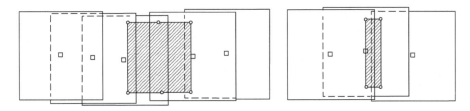

图 3-11 航向重叠过小时的布点(一)

如果航向重叠过小,只有 40% 左右,即约为正常立体像对的 3/4,如图 3-12 所示。此时,可在像对的重叠部分布设 4 个平高点 (*A*、*B*、*C*、*D*),采用立体测图法成图。航线网的像片控制点 1、2、3、4 与像控点 *A*、*B*、*C*、*D* 形成的范围(立体测图范围 *ACDB* 两侧)采用单张像片影像图测图或白纸测图。

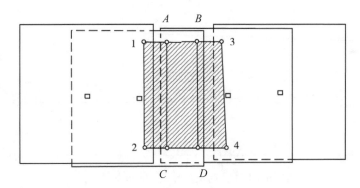

图 3-12 航向重叠过小时的布点(二)

4)旁向重叠过大或过小时布点

(1)旁向重叠过大。若有 3 条以上航线连续旁向重叠过大,如图 3-13 所示,经检查 1 航线与 3 航线接边处的重叠部位有不小于 15% 的重叠度,则 2 航线可以抽掉。

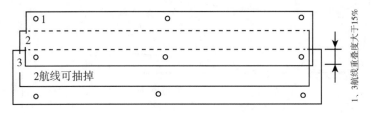

图 3-13 旁向重叠过大时的布点(一)

当区域网布点，旁向重叠过大，但又不能抽掉航线，控制点布在旁向重叠中线附近，离开方位线的距离不能满足大于4cm(23cm×23cm)时，应分别布点。如图3-14所示。

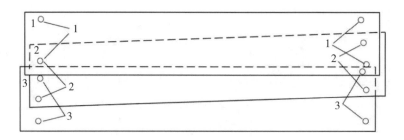

图3-14　旁向重叠过大时的布点（二）

（2）旁向重叠过小。旁向重叠虽较小，但未形成航摄绝对漏洞时，应尽量选公用像控点；无法选出时，应分别布点，两控制点之间的垂直距离不得大于像片上2cm。如图3-15所示。

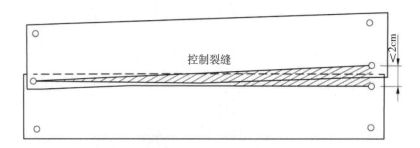

图3-15　旁向重叠过小时的布点（一）

当旁向重叠过小，形成航摄绝对漏洞时，其布点形式如图3-16所示，其中 d_1 离开像片边缘的距离，立体测图时不得小于像片上1.0cm，综合法测图时不得小于像片上0.5cm，d_2 应小于像片上1cm。

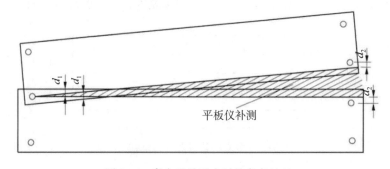

图3-16　旁向重叠过小时的布点（二）

5)像主点和标准点落水时布点

像主点或标准点处于水域内，或被云影、阴影、雪影等覆盖，或无明显地物时，均视为点位落水。当落水范围的大小或位置不影响立体模型连接时，可视为正常航线布点；否则，视为航线断开，应分段布点。

(1)立体测图像主点落水的布点方法。

立体测图时，如测图控制点因主点落水而不能内业加密，则应采用单模型全野外布点，即在测绘面积的四个角隅各布设一个平高点，如图 3-17 所示。

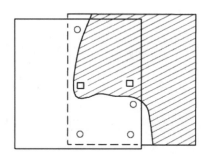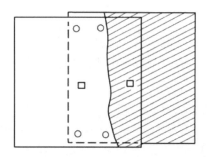

图 3-17　像主点落水的布点

当采用上述布点形式，遇有突出的陆地，超过控制点连线 1cm 范围时，应在突出部分增加布设平面点(综合法测图)或平高点(立体测图)，在个别困难地区，立体测图时可以增布高程点，如图 3-18 中的点 A。

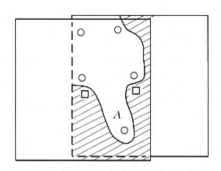

图 3-18　主点落水时突出陆地的布点

(2)主点落水，航线是否连续的判别。

当航线中有几个主点连续落水，但离主点距离 2cm 以内能选出明显地物点以及在主点上下大于 4cm 处能选出明显地物点，此航线视为连续航线，可提供航测内业加密，如图 3-19 所示。

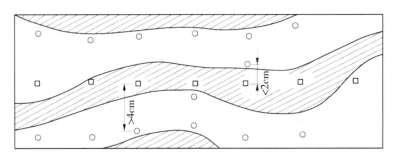

图 3-19　主点落水，航线是否连续的判别

　　如果不能满足上述要求，则航线应断开，区域网布点应由断开的首末两侧开始，断开部分应布设全野外像片控制点。

　　如果能满足上述要求，但上下航线旁向重叠部分因落水不能选出连接点，此时可按单航线布设像片控制点。

3.2.3　拟定像片控制测量技术计划

1. 收集与分析资料

拟定技术计划之前，需要收集两方面的资料：一是大地测量资料，二是航摄资料。

1）收集和分析大地测量资料

大地测量资料是计算航外控制点平面坐标和高程的起算数据，是进行航外控制测量的基础，大地成果的精度和大地点分布的密度都直接影响航测成图的质量，因此收集和分析大地测量资料具有十分重要的作用。

（1）大地测量资料内容，包括大地点的坐标、高程以及与使用大地成果有关的其他数据、文字材料、图件等。大地点是指国家等级的三角点、导线点和水准点。

大地测量资料一般由各省测绘主管部门的资料馆或档案馆统一分管。

在收集大地测量资料时，要注意资料的完整性，不能只是抄取成果，还要注意收取在使用成果时将要用到的其他资料，如技术总结、成果说明、点之记、三角点连测图、水准点路线图等，这些资料对于大地测量资料的使用可以提供很多帮助。

（2）收集和分析大地测量资料的注意事项如下：

在阅读和分析大地测量资料时，应着重查明施测年代、施测单位、作业依据、平面及高程的起算系统、成果精度（包括三角点、导线点的测角中误差、最弱边相对中误差、点位中误差、三角点高程中误差、水准点的每公里高差中数的偶然中误差）等，对照规范要求，以确定其使用价值和使用方法。

在抄取大地测量资料时，应注意将需要的内容抄写齐全、准确，如大地点等级、标石及标架类型、三角点的联测方向以及联测方向的方位角等内容，都必须全部抄录，抄录时应特别仔细，必须进行校对并签名负责，以免因抄录成果错误而造成损失。

如果所抄取的大地点坐标系统与测图所需要的系统不一致，则应进行换算，否则不能使用。如收集的三角点、导线点为6°带成果，为满足1∶10000或更大比例尺测图，应将其换算成3°带成果方能使用。

另外，还必须收集比测图比例尺小的施测年代较近的地形图。因为测区原有的地形图(又称老图)是航外控制测量和调绘的重要工具，是制订任务计划、指导调绘工作、进行控制测量技术设计的基础图件，会给航测外业的各项工作带来很多方便。

2)航摄资料的分析和检查

航摄资料主要包括航摄像片、像片索引图、航摄鉴定表。分析检查航摄资料的目的是查明航摄的飞行质量和摄影质量，弄清航摄像片能否满足航测成图的要求；另外，还可依据像片情况提出合理的施测方案，以及对航摄资料的某些质量问题提出具体处理办法。

航摄像片检查主要从下面三个方面入手：

(1)检查位于自由图边的像片是否满幅。检查时，首先利用老图在像片上标出图廓线，然后查看像片是否覆盖整个测区或覆盖自己的作业区。要着重检查自由图边的像片是否满幅。航线在自由图边一端的像片，应超出图廓线外一个立体像对；航线平行于自由图边的像片，超出图廓线的宽度，一般不小于像幅的50%。个别情况下，除去像片边缘1cm范围不用，应保证立体测图满幅；否则应视为绝对漏洞，须采取补救措施。

(2)检查像片的摄影质量。主要从目视角度查看像片影像色调是否一致，影像清晰度如何，反差是否符合要求，像片上有无云影、阴影、雪影以及其他影像不清，或影像受到损害影响成图等现象存在，以便及时处理。

(3)检查像片的飞行质量。按规范规定对像片的重叠度、像片倾角、旋偏角、航线弯曲度、航高差、像片比例尺等进行检查，以保证成图质量。

此项检查以查看航摄鉴定表为主，鉴定表内对上述各项飞行质量情况均有详细记载。然后将航摄像片按航向及旁向影像重叠依次排放，通过排放，不仅可以检查像片的摄影质量问题，还可以从中发现像片重叠度、倾角、旋偏角、航线弯曲度所出现的质量问题；同时，通过对像片影像、地物成像大小的观察比较，还可以发现航高差、像片比例尺所出现的明显的质量问题。因此，依次按航线排放像片是检查航摄质量的好方法。

2. 拟订技术计划的程序和方法

1)老图上标绘已知控制点和图廓线

如果老图上大地点施测的年代较早，且在老图上已用相应符号表示，此时只需根据坐标、点之记、路线图或联测图检核其位置、名称或编号即可。如果大地点施测年代较近，在老图上没有标识，则可用展点法，根据坐标确定三角点或精密导线点的位置，再用点之记和联测图作检查。水准点可对照老图上的地物、地貌，根据点之记和路线图判定其概略位置。在老图上找出三角点、精密导线点和水准点位置后，再以图式规定的符号和颜色标绘，并注出点号或编号。

在老图上标绘图廓线，可采用对称折叠和量算两种方法。对称折叠是指以老图的图廓线为准，纵横对折、再对折，直到获得所需图廓线为止，如 1：25000 的一幅老图等于4 幅 1：10000 图，纵横对折后的折叠痕迹线即是 1：10000 的图廓线。所谓量算法，指用直尺量出老图四周图廓线的长度，将每条图廓线边长等分，得出等分点，然后以对称点为准纵横连线，得出所需的图廓线的位置。

2）像片上转绘图廓线和大地点

在像片上选点需要考虑图廓线、大地点的位置，因此还需要将老图上标出的图廓线和大地点转标到航摄像片上。转标前，应将像片按航线和像片右上角的编号进行清点和排列，然后用老图所表示的地物、地貌符号和航摄像片相应的影像对照判读，在像片上判出图廓线和大地点的位置，并用红、绿（或蓝）玻璃铅笔以相应的符号把它们标注出来。

考虑像片控制点在像片上的位置是否满足规范的有关规定，选点前，还应用铅笔标出像主点、像片编号、方位线以及过像主点垂直于方位线的直线等内容。

3）像片选点

像片选点是指在满足规范各种要求的情况下，在像片上初步圈定野外像片控制点的大概位置。选点是拟定联测计划的基础，选点的质量直接影响成图的精度，同时也直接影响内外业测量工作，因此必须耐心、细致、全面地考虑问题，才能获得最好的位置。像片选点一般应考虑以下因素：

（1）选点必须满足布点方案的要求；

（2）选点应满足野外控制点在像片上的基本位置要求；

（3）选点应考虑刺点目标的要求；

（4）选点应考虑实际施测的可能；

（5）选点还应考虑已有大地点的利用。

4）制订像控点联测计划

控制点联测计划一般在老图上进行。在像片上选出控制点后，将控制点转标到老图上，但转标的符号应小一半；根据大地点和控制点的分布情况，结合地形特点、控制点性质和精度要求，在老图上合理制订全部控制点的平面和高程联测计划。

联测计划包括联测方法的选择和按规定确定具体的联测图形或联测路线。

当测区内通视良好，大地点较多且分布均匀时，一般宜采用测角交会法进行联测，即根据具体情况分别采用单三角形、前方交会、侧方交会和后方交会等各种图形进行联测；也可采用 GNSS 定位技术测定各控制点坐标。

当测区内通视情况较好但大地点稀少时，可考虑适当加测小三角点、补点或以线形锁方式联测。加测小三角点、补点后，野外像片控制点便可以采用测角交会方法进行联测。如果采用线形锁联测，个别联测不到的控制点也可以采用测角交会方式进行联测。

补点属于交会点，但不是提供内业使用的控制点，因此，补点不受像片条件和布点方案约束，它的位置可以根据需要任意选定。控制点联测中，一般将补点选在图幅内地形最高、通视最好的地方，这样补点本身容易交会出来，也便于作为已知点去发展其他控制点，这也是补点的作用。因此，补点是控制联测中经常用到的一种过渡点。

在测区平坦、隐蔽，通视困难的情况下，可采用全站仪测距导线。由于全站仪测距精度高，通视条件容易满足，这种方法方便、灵活，是隐蔽地区的主要施测手段。

某些情况下，由于受布点方案和像片条件限制，所选控制点位置通视情况不好，不能用交会法直接测定，这时可由控制点发展引点和支导线测定。

控制点高程联测是航外控制测量的重要组成部分，像片上设计的高程点、平高点均须测定其高程。根据地形条件不同，控制点的高程联测一般可采用测图水准、高程导线、三角高程导线、独立交会高程点等几种方法。

5）绘制野外像控点联测计划图

在老图上按上述各项要求拟订野外像片控制点联测计划，一般用铅笔草绘。在联测计划拟订之后，另外用方格纸或其他质量较好较厚的白纸进行转绘，并按规定的符号和颜色整饰。联测计划图的比例尺应等于或大于老图比例尺；联测计划图上的大地点、控制点的位置是概略标定的。联测计划图上各种符号规定如下：

（1）图廓线和各种注记用黑色；

（2）像主点绘边长 5mm 蓝色正方形，并注出像片编号；

（3）三角点绘边长 7mm 红色三角形，水准点绘直径 5mm 中间加"×"的绿色圆圈，补点绘直径 7mm 的红色圆圈，并注出点名或点号；

（4）平面控制点和平高控制点绘直径 5mm 红色圆圈，高程控制点绘直径 5mm 绿色圆圈，并注出点名或点号；

（5）控制点平面位置测定方向线绘红色直线，三角高程测定方向线绘绿色直线，并用实线与虚线分别表示双向和单向观测（虚线端表示未设站）；高程导线、测图水准绘绿色曲线；等外水准绘红色曲线；

（6）图幅编号、成图方法以及计划图名称，均注于北图廓外中央位置；

（7）计划图比例尺注在南图廓外中央，作业员姓名及年、月、日注在南图廓外东端；

（8）如图幅内有像主点落水、航摄漏洞等，则须在相应位置用不同颜色标出。

控制点联测计划图用于野外作业时帮助作业人员记忆和有计划地安排控制测量工作，使野外作业有条不紊。但联测计划图为临时性用图，在实际作业中还会有某些变动，因此，在全部控制测量完成之后，还应根据最后施测的情况重新绘制"野外像片控制点联测图"，附于"测量计算手簿"目录之后第一页，供以后工序参考。

3.2.4 实施航外控制测量

1. 选定像控点

室内拟订的像片控制点联测计划，因为是主观计划，不一定都符合实际情况，所以还必须到野外对预选的像控点逐一实地核实，对拟定的联测方案可行性现场落实。实际选点时应着重考虑以下方面：

(1)勘察已知控制点，熟悉测区已知控制点情况；

(2)根据像片上预选像控点影像，经实地判读、反复对照，辨认出预选像控点的地面位置，并核对点位是否符合刺点目标要求，以及摄影后刺点目标有无变动和破坏；

(3)根据拟定的联测方案，逐个观察像控点上所有方向是否通视。当所有方向都通视时，像控点被选定，联测方案被落实。

2. 选择刺点目标

为保证刺点准确和内业量测精度，应根据地形条件和像片控制点的性质选择刺点目标，以满足规范要求。

平面控制点的刺点目标应选在影像清晰、能准确刺点的位置，以保证平面位置的准确量测。一般选在线状地物的交点和地物拐角，如道路交叉点、固定田角、场坝角等，并要求线状地物的交角或地物拐角为30°~150°，以保证交会点能准确刺点。地物稀少地区，也可选在线状地物端点、尖山顶和影像小于0.3mm的点状地物中心。注意，弧形地物和阴影等不能选做刺点目标，因为弧形地物不易确定准确位置，而摄影时的阴影与工作时的阴影也不一致。

高程控制点的刺点目标应选在高程变化不大处，以确保内业模型上量测高程位置不准时对高程精度不会有很大影响。一般选在地势平缓的线状地物交会处，如地角、场坝角。山区常选在平山顶，以及坡度变化较缓的圆山顶、鞍部等处。注意，狭沟、太尖的山顶和高程变化急剧的斜坡等，不宜选做刺点目标。

森林地区一般选刺在没有阴影遮盖的树根上，或者高大突出、能准确判断的树冠上。沙漠、草原地区可以灌木丛、土堆、坟堆、废墟拐角处、土堤、窑等作为选刺点的目标。当控制点刺在树冠上，或刺点位置上有植被覆盖，且像片看不清地面影像时，应量注植被高度至0.1m。若航摄时间距测图时间较长，植被增长较大，则应调查注记摄影时的植被高度。

平高控制点的刺点目标，应同时满足平面和高程两项要求。

3. 实地刺点

野外像控点目标选定之后，现场用刺点针把目标准确地刺在像片上，刺点的精度直接关系着航内加密精度和仪器测图精度。刺点时要注意：

（1）应在所有相邻像片中选择影像最清晰的一张像片用于刺点；

（2）刺孔要小而透，针孔直径不得大于 0.1mm；

（3）刺孔位置要准，不仅目标判读准确，而且下针位置也要准确，刺点误差应小于像片上 0.1mm；

（4）同一控制点只能在一张像片上有刺孔，不能在多张像片上有刺孔；

（5）同一控制点在像片上只能有一个刺孔，不允许有双孔，以免内业无法判断正误；

（6）所有国家等级的三角点、水准点及小三角点均应刺点；当不能准确刺出时，对于三角点、小三角点可用虚线以相应符号表示其概略位置，在像片背面写出点位说明或绘出点位略图；

（7）各类野外像控点根据刺孔位置在实地打桩，以备施测时使用。

4. 刺点说明和刺点略图

控制点虽有刺孔指示点位，但由于地物影像非常细小，当地物与地物紧靠在一起或点处于复杂地形中时，内业量测难以分辨具体位置，往往造成错判。因此，像片控制点在刺点后，还必须根据实际情况加以简要说明，如文字说明仍不能确切表达，则还应在实地加绘详细的点位略图。说明和略图一律写绘在像片反面，该工作也称为控制点的反面整饰。

控制像片的反面整饰用黑色铅笔写绘，如图 3-20 所示。在像片反面控制点刺点位置上，以相应的符号标出点位，注记点名或点号及刺点日期，刺点者、检查者均应签名，以示负责。三角形、正方形、圆圈的边长或直径均为 7mm，若为水准点应在圆圈中加"×"。

点位说明应简明扼要、清楚准确，同时应与所绘略图一致。刺点略图应模仿正面影像图形绘制，与正面影像的方位、形状保持一致，这样内业判读才比较方便。绘制略图时，可根据实际情况采用色调和符号两种形式表示，如山头上无明显地物，则可用等高线表示。略图大小以 2cm×2cm 为宜，图中应适当突出刺点目标周围的地物、地貌。

5. 正面整饰和注记

刺在控制像片上的野外像控点（连同三角点、水准点等）除进行反面整饰和注记外，还需用彩色颜料在刺孔像片正面进行整饰和注记，如表 3-3 所示。

P_5刺在道路交叉口东北角
刺点者：王大磊05.8.8
检查者：张长工05.8.9

B_{12}刺在公路与小路交叉处，
在公路边外0.7m
刺点者：王大磊05.8.8
检查者：张长工05.8.9

P_{11}刺在公路北侧
水泥球场西北角上
刺点者：王大磊05.8.8
检查者：张长工05.8.9

▽ 庙岗

庙岗刺在山顶最高处
刺点者：王大磊05.8.8
检查者：张长工05.8.9

P_{21}刺在田角坎上
刺点者：王大磊05.8.8
检查者：张长工05.8.9

⊙ P_{21}

⊙ G_{22}

G_{22}刺在水池西北角
刺点者：王大磊05.8.8
检查者：张长工05.8.9

△ 云天岭

云天岭刺在山顶最高处
刺点者：王大磊05.8.8
检查者：张长工05.8.9

图 3-20　控制像片的反面整饰

表 3-3　控制片正面整饰的符号规定

类别	三角点	五等小三角点	埋石点	水准点	平面点平高点	高程点
符号	△	▽	□	⊗	○	⊙
边长或直径(mm)	7	7	7	7	7	7
颜色	红	红	红	绿	红	绿

在刺孔处，用规定符号标出点位(对不能精确刺孔的点，符号用虚线绘)，用分数形式进行注记，分子为点号或点名，分母为该点的高程，如图 3-21 所示。

图 3-20、图 3-21 的控制像片整饰格式适用于各种成图方法和布点方案。像片所在的图幅编号应注于像片的北部中央。像片所在图幅内的航线编号写在图幅号下面，由北向南用阿拉伯字 1，2，3，… 编写，后跟一短线，短线后的数字为像片号，参见图 3-21。

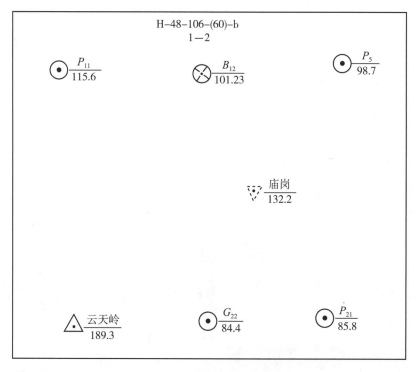

图 3-21　控制像片的正面整饰

6. 控制点接边

控制测量成果整理工作完成以后，应及时与相邻图幅或区域进行控制接边，控制接边工作主要包括以下内容：

（1）对邻幅或邻区所测的像片控制点，如果为本幅或本区公用，则应检查这些点是否满足本幅或本区的各项要求。符合要求时，需将控制点转刺到本幅或本区的控制像片上，同时转抄成果至计算手簿和图历表中。如果本幅或本区所测的控制点需提供给邻幅或邻区使用，则亦按同样的程序和方法转刺、转抄成果。

（2）对自由图边的像片控制点，应利用调绘余片进行转刺并整饰，同时将坐标和高程等数据抄在像片背面，作为自由图边的专用资料上交。

（3）接边时，应着重检查图边或区域边是否存在因布点不慎而产生控制裂缝，以便补救。

所有观测手簿、测量计算手簿、控制像片、自由图边以及接边情况，都必须经过自我检查，上级部门检查验收，经修改或补测合格，确保无误后方可上交。

7. 应上交的成果

（1）控制像片：像控点的点位和点数符合布点方案，刺点无误，正反面整饰符合要求。

（2）观测手簿：水平角观测手簿、垂直角观测手簿、水准测量手簿等。

（3）计算手簿：控制点点位联测略图、起始点成果、坐标换带计算、归心计算、坐标计算、间接高程计算、高程平差计算等。

（4）成果表：小三角点成果表、像片控制点成果表、水准点成果表等。

 任务结构图

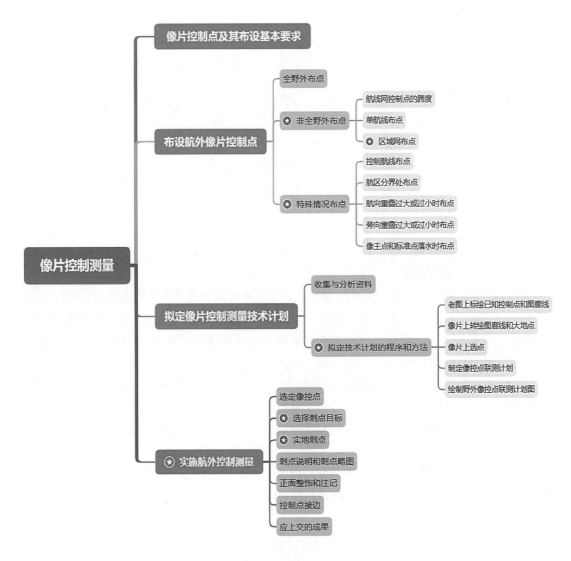

项目实训一　无人机影像采集

一、实训目的

通过无人机组装、飞行前检查、航线设置、无人机航飞和无人机回收等技能训练，巩固摄影测量影像获取知识要点，掌握无人机操控方法，提高航测影像采集技能。

二、实训条件

硬件：大疆精灵 4P 无人机、华为平板、电池若干组、相关连接线。
软件：DJI GO4 软件、Umap 软件。

三、实训内容

(一)认识无人机

大疆精灵 4P 无人机的组成如下：

（1）飞行器部件：①GNSS；②螺旋桨；③电机；④机头 LED 指示灯；⑤前视障碍物感知系统；⑥一体式云台相机；⑦云台锁扣；⑧智能飞行电池；⑨飞行状态指示灯；⑩相机 Micro SD 卡槽；⑪调参接口；⑫相机、对频状态指示灯/对频按键。如图 3-22 所示。

图 3-22　大疆精灵 4P 无人机

（2）遥控器部件：①天线；②移动设备支架；③遥杆(可设置美国手/日本手)；④智能返航按键；⑤电池电量指示灯；⑥遥控器状态指示灯；⑦电源开关；⑧相机设置转盘；⑨智能飞行暂停按键；⑩拍照按键；⑪飞行模式切换开关；⑫录影按键；⑬云台俯仰控制拨轮；⑭自定义功能 C1 键；⑮自定义功能 C2 键；⑯充电接口；⑰Micro usb 接口。如图 3-23 所示。

图 3-23　无人机遥控器的组成

(二)组装无人机

(1)去除云台锁扣，如图 3-24 所示。

▶组装无人机

图 3-24　云台锁扣位置

　　(2)安装螺旋桨。准备两个有黑圈的螺旋桨和两个有银圈的螺旋桨，将印有黑圈的螺旋桨安装至带有黑点的电机桨座上，将桨帽嵌入电机桨座，并按压到底，沿锁紧方向旋转螺旋桨至无法继续旋转，松手后，螺旋桨将弹起锁紧。其他螺旋桨安装方法同上。

　　(3)安装电池。将电池以图 3-25 所示的方向推入电池仓，注意听到"咔"的一声，以确保电池卡紧在电池仓内。如果电池没有卡紧，有可能导致电源接触不良，可能会影响飞行的安全性，甚至无法起飞。

　　(4)内存卡安装。将内存卡推入如图 3-26 所示的相机 Micro SD 卡槽内，注意听到"咔"的一声，确保内存卡卡紧在卡槽内。如果内存卡没卡紧，将导致无法收集航拍影像。

（5）打开遥控器。先短按一次电源键，然后长按电源键 2s。调整天线的位置，展开移动设备支架，安放安卓系统的电子设备，调整支架，以确保夹紧移动设备。

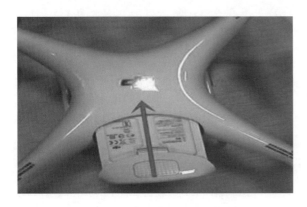
图 3-25 大疆精灵电池安装位置

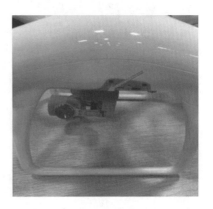
图 3-26 无人机内存卡的安装

（三）DJI GO4 连接设置

（1）连接移动设备与遥控器，在弹出的选择框中选择 DJI GO 4 软件，如图 3-27 所示。

▶操控无人机

图 3-27 遥控器连接移动设备

（2）登录界面，选择"开始飞行"，如图 3-28 所示。

（3）打开飞行器（先短按一次电源键，然后长按电源键 2s），将飞行器放置距离人员 5m 范围外，等待飞行器完成校准准备工作。

（4）进入 DJI GO 4 软件主界面，查看无人机是否已经连接成功，指南针参数、无线信道质量是否正常，修改飞行模式为 GNSS，遥感操作设置为美国手。

图 3-28　登录软件

（四）飞控参数设置

（1）返航点设置。可将返航点刷新到飞机目前的位置，也可刷新返航点到目前用户的图传显示设备的 GNSS 位置上面。如果使用没有自带 GNSS 功能的手机或者平板电脑，则用户只能使用第一种返航点刷新方式。

（2）返航高度设置。当飞行器失去控制而触发失控返航，或者手动选择智能返航，该参数就十分重要。返航高度的设置必须确保不会撞上任何固定的建筑物。

（3）飞行模式切换。如果允许切换，表示在起飞状态时可以切换 A 挡姿态模式和 F 挡智能飞行模式；如果不允许，则意味着飞行状态时无法切换。

（4）新手模式设置。新手模式的飞行速度非常慢，并且显示飞行高度和距离都是 30m，从而确保安全飞行。

（5）最大高度限制。大疆精灵 3 以后的飞行器高度限制是 500m，而用户可以在 20～500m 的范围内调节最大限制高度。

（6）距离限制。让用户调整所需要的限远设置。

（五）飞控软件连接

（1）在用 DJI GO 4 软件查看信息并更改设置之后，断开遥控器的连接，在安卓设备上清除 DJI GO 4 软件的缓存后重新连接遥控器，弹出飞控软件选择框，选择"仅此一次"，打开飞控软件 Umap，如图 3-29 所示。

（2）在安卓设备中找到飞控软件，点击进入，弹出飞控软件界面，如图 3-30 所示。

（3）点击软件左上角系统参数设置，模式选择正射影像。

图 3-29　打开飞控软件

图 3-30　飞控软件界面

(4)点击"智能飞行"选项，进入智能飞行的初始化界面。

(5)打开左下角卫星影像图，若没有卫星影像，可选用二维矢量地图。

(6)点击左下角回按钮进行定位，如图 3-31 所示。

(7)点击右上角✿按钮，设置航线航高、固定航高、旁向重叠度、航向重叠度，如图 3-32 所示。

当勾选☑固定航高的情况下，可以拖动航线高度进度条，右边实时标示出高度，并在上方实时显示地面分辨率。如表示飞行固定航高在 120m 的情况下，计算出地面分辨率为 0.0525m。

69

图 3-31　测区定位

图 3-32　设置航飞控制参数

（8）在正射模式下，点击 ▨ 按钮进入航飞路径规划，出现的绿色范围框即为航飞覆盖区域。航飞区域可通过范围框内旋转箭头、十字标示、定位点的操作，实现区域的旋转、平移、缩放，从而确定航飞的实际覆盖区域。如图 3-33 所示。

拖动绿色范围框时，会提示矩形框的长度和宽度，以及预计飞行时间。为保障飞行安全，设置有安全飞行时间阈值，在预计飞行时间超过一定范围时，绿色范围框的航线会变成黄色，如图 3-34 左图，此时提醒飞行人员注意飞行时间，并考虑飞机特性和电池寿命等对飞行任务的影响。若范围框变成红色，则说明飞行范围过大，无法起飞，如图 3-34 右图所示。

图 3-33　航飞覆盖区域

图 3-34　航飞范围设置提醒

飞行面积不能超过 500m×500m，否则会出现提醒，且无法执行任务。

（9）点击右下角 ⚙ 执行任务，程序自动弹出对话框，进行飞行安全检查。飞行安全检查主要涉及本软件飞行作业时需考虑的常规因素。如果自动检查结果并不全是正常状态，应返回后检查对应项是否出现问题，并认真调试。需要注意的是，正常安全起飞需要考虑的因素包括但不仅限于这些因素。如图 3-35 所示。

（10）在可视范围内时刻关注飞机状态，在视野之外时刻关注飞机是否按照航线飞行，直至安全返航。

（11）自动返航接近地面时，如果飞行器偏航超过 2m，需人工切换到 GNSS 模式，人工调整飞行器姿态。如未发生偏航，则不需人工操作，飞机自动返航降落即可。

（12）如遇特殊情况，点击遥控器上一键返航按键，使无人机自动返航。

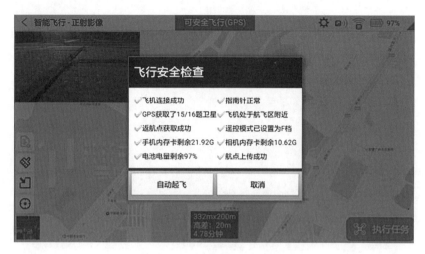

图 3-35　飞行安全检查

（六）无人机回收

（1）关闭飞行器电源。按一次电源键，然后长按电源键 2s。将飞行器取回，关闭飞控软件，断开数据线和安卓设备，最后关闭遥控器电源。

（2）拆卸桨叶、电池和内存卡。

（3）依次将电池、装袋桨叶、飞行器、遥控器、安卓设备、数据线等放置于盒内，关上盒子，锁好锁扣。

四、实训要求及提交成果

（1）起飞前、飞行过程中和无人机回收时，都必须严格按照规范流程进行操作。

（2）每组提交一个架次的影像数据，包括原始影像和 POS 信息。

思政小课堂

测 绘 精 神

测绘，是国家建设的开路先锋。开路先锋意味着率先吃苦、率先拼搏、率先排除困难、率先打开禁区。长时间远离家人、远离繁华城市，每天陪伴测绘人的只有熟悉的仪器和空旷的野外。餐具、收音机和理发用具，成了赫赫有名的"外业三宝"：餐具和简单伙食解决食物需求，收音机和书籍解决精神文化需求，理发的推子和剪刀解决"形象工程"。

自然资源部第一大地测量队（国测一大队），就是这样的开路先锋。他们坚持用双脚丈量祖国大地，用仪器测绘壮美山河，先后七测珠峰，两下南极，进驻内蒙古戈壁荒原，深入西藏无人区，踏入新疆沙漠腹地……正如习近平总书记给国测一大队老队员老党员的回信中所述："心系人民、情系人民，忠诚一辈子，奉献一辈子"。

1960 年，年仅 31 岁的组长吴昭璞和队友在新疆戈壁测绘作业，在饮用水断绝、面临生死抉择的关键时刻，他果断决定，让队友出去寻找水源，自己留下来看护仪器和资料。几天后，当队友返回救援时，发现吴昭璞因干渴不幸遇难，但仪器和资料却用工作服包裹得严严实实、完好无损。

曾 3 次参加过珠峰测量的郁期青曾笑着指向自己的牙说："都是假的。"野外作业的艰苦生活，让他很早就掉光了所有牙齿。他说："测绘精神的实质，就是尽最大努力，不惜一切代价，去完成党和国家交给的任务，哪怕牺牲自己的生命。"艰苦奋斗、勇攀高峰，是国测一大队代代相传的优良传统。

任秀波始终记得刚进队的一段经历：一次外测归来，发现早上还干涸的河床，因融雪而变成一片汪洋，无法分辨哪里是路基，哪里有沼泽，车上的老师傅二话不说，挽起裤管，脱掉鞋袜，下河为车辆探路，双脚被枯枝、冰凌划出一道道血口子。国测一大队的年轻人潜移默化中被感染被熏陶，后面的征程中再遇到急难险重，年轻人便会奋不顾身、迎难而上。凡是苦活、累活、重活、危险的活，干部先、普通队员后，老队员先、新队员后，这是国测一大队一条"不成文的军规"。

2020 年珠峰测量期间，"80 后"谢敏总是挑最苦最累的活儿干，因为高强度的工作能让他暂时忘却父亲病逝的悲伤。在其父（国测一大队老队员）因病辞世之时，他的母亲说道："好好干你的工作，把数据测好测准，这也是你父亲的心愿。"接过父辈的接力棒，测绘人继续奔波于崇山峻岭、茫茫戈壁和江河湖海，测绘精神薪火相传，英雄铁军本色不改。

我国测绘事业的发展壮大，离不开一代代测绘人的坚守与付出。我们应感谢老一辈测绘人的辛劳付出，永远牢记英雄们的先进事迹，珍惜测绘前辈用青春甚至是生命取得的测绘成果，不断创新、勇攀高峰，我们要始终牢记习总书记的嘱托"不忘初心，方得始终"，让"热爱祖国、忠诚事业、艰苦奋斗、无私奉献"的测绘精神永相传。

拓展与思考

（1）如果要获取符合质量要求的航摄像片，应该注意哪些方面？

（2）摄影测量时相邻像片间为什么需要重叠？三度重叠的意义是什么？

（3）在起伏较大区域进行摄影测量时，如何确保航高差符合规范要求？

（4）像控点布设的要点有哪些？

（5）全野外布点与非全野外布点的区别是什么？

（6）为什么要限制航线跨度？如何估算航线跨度？

（7）当航向重叠度不符合要求时，如何布设像控点？

（8）如何检查航摄像片的质量？

（9）在航摄像片上选择控制点应详细考虑的内容有哪些？

（10）如何实地选择像控点？

项目 4

判读与调绘影像

☞ **项目导读**

　　判读与调绘影像是摄影测量外业工作的主要组成部分，为内业测图和像片控制点测量提供了有效保障。判读影像也称解译影像，是为了确认影像所表示地面物体的正确属性、特征，通常采用目视判读法。调绘影像以判读影像为基础和前提。在完成识别和辨认航摄影像之后，将地物按照规定的图式符号和注记方式表示在航摄像片上，这就是调绘。

☞ **学习指南**

　　理解航摄像片的判读特征，尤其是典型特殊情况时的特征；了解判读影像前需做的准备工作，能合理运用目视判读的一般方法；在野外判读前，必须了解像片比例尺、航摄时间和测区一般情况，掌握野外判读方法的综合运用和要点；理解图式符号的正确运用，掌握综合取舍时关系的处理方法，理解调绘像片的基本程序和注意事项。

任务 4.1　判读影像

　　判读影像也称为解译影像，是借助相应仪器设备及有关资料，采用一定方法对像片进行分析判断，确认影像所表示地面物体属性、特征的工作。航摄像片的判读主要采用目视判读法，目视判读是指判读人员依靠自身知识和经验以及掌握的其他资料和观察设备，在室内或者与实地对照来识别影像的过程。

　　航摄像片上的影像与相应目标在形状、大小、色调、阴影、纹形、布局和位置等特征方面有着密切关系，就是根据这些特征去识别目标和解释某种现象，这些特征称为判读特征。但是，不同类型的像片以及像片倾斜和地形起伏等因素影响会使判读特征有很大差异，因此，掌握判读特征以及各种因素对它们的影响，对判读像片具有重要意义。

4.1.1　判读影像特征

1. 形状特征

　　影像形状在一定程度上反映出地物的某种性质，所以形状特征是识别目标的重要依据之一。在近似垂直摄影的像片上，倾斜误差对地物影像形状的影响很小；在平坦地面上，地物影像形状与其俯视图形相似。但是，投影误差对具有一定高度的目标影像形状的影响是不能忽视的。高于地面的地物影像一般都有变形，相邻像片上相应影像的形状也不一致。位于斜面而不突出所依附斜面上的地物，由于斜面受投影误差的影响，地物影像形状也有变形，物、像形状不相似，相邻像片上同一地物影像形状也不一致。航空摄影一般采用中心投影方式成像，从投影误差的性质可知，变形量不仅与目标本身高度有关，而且与地物相对于航摄机镜头的位置有关。如目标位于底点处，不管多高，影像形状与相应地物顶部形状相似，没有变形；离底点愈远，变形愈大。影像不仅反映了地物顶部形状，而且也显示了地物侧面形状。

投影误差引起高出地面目标影像变形，而且压盖其他地物，对判读和量测有不利的一面。但是，投影误差对于判读也有有利的一面，例如，可以根据投影影像反映的地物侧面形状识别地物，根据投影误差的大小确定地物高度等。

2. 大小特征

根据像片比例尺，能明确绘出地物的大小，因此，在判读前，应弄清像片比例尺的变化。在航空摄影像片上，平坦地区各地物影像的比例尺基本一致，实际大的地物在像片上的影像尺寸也大，反之则小。起伏不平的丘陵和山地影像在同一张像片上比例尺处处不一致，处于高处的地物，相对航高小，影像比例尺大；处于低处的地物，相对航高大，影像比例尺小。因此，在像片上同样大小的地物影像，位于山顶的比位于山脚的大。

大小特征除主要取决于像片比例尺外，还与地物形状和地物背景有关。例如，在航空摄影像片上，与背景密度差较大的小路和通信线等线状地物的影像宽度往往超过根据像片比例尺计算所应有的宽度。

3. 色调特征

地面物体呈现出的各种自然色在黑白像片上会以不同的黑度层次表现，这种黑度差别称为色调。影像的色调主要取决于感光材料（航摄底片）的感光特性、地物表面的照度和地物表面的反射能力。

1）色调与地物表面照度的关系

地物表面受太阳光直接照射和天空光照射，照度的大小和光谱成分随太阳高度角而变化。在太阳高度角相同的情况下，如同类地物亮度系数相同，则照度大的部分亮度大，在像片上的影像色调浅，反之则深。

2）色调与亮度系数的关系

物体的亮度系数是指照度相同的条件下物体表面的亮度与理想的纯白表面的亮度之比值。亮度系数大的地物在像片上的影像色调浅，反之就深。

不同性质的地物亮度系数不同；同类性质的地物，表面状态不同，亮度系数也不一样。同类性质的地物，表面干湿程度不同，亮度系数也不同，含水量多，亮度系数小，在像片上的影像色调深；粗糙程度不同，亮度系数也不同，表面愈粗糙，亮度系数愈小，在像片上的影像色调愈深；植被的亮度系数随着生长期不同而变化，即随着季节不同而变化。

航摄底片对天然颜色的感光程度是不一样的，所以在像片上所呈现的色调也不一样，如白色、黄色物体在像片上为白色或浅灰色，红色、深棕色物体在像片上为灰色，绿色、黑色物体在像片上为深灰色或黑色。

4. 阴影特征

阴影是指地面物体在阳光照射下投落在地面上的影子。阴影在像片上也有影像，它的方向取决于太阳的照射方向。航空摄影通常在晴天进行，故高出地面的物体，如水塔、烟囱、悬崖等，以及低于地面的物体，如冲沟、雨裂等，均会出现阴影。阴影一般与物体的高度成正比，与阳光的高度角成反比。在同一张像片上，各地物阴影影像的方向都是一致的，不因点的位置不同而异。阴影对突出地面物体的判读有重要意义，特别是当物体较小，而与周围地物的影像缺乏色调上差异时，阴影特征显得特别有用。但有时阴影也会造成判读上的困难，例如大建筑物的阴影会盖住小而重要的地物影像等。所以，当判读有阴影地物时，最好用立体观察，以免造成错觉。

5. 纹形图案特征

细小地物在像片上有规律地重复出现组成的花纹图案，称为纹形图案特征。纹形图案是形状、大小、阴影、空间方向和分布的综合表现，反映了色调变化的频率。纹形图案的形式很多，有点、斑、纹、格、垅和栅等。在这些形式基础上，根据粗细、疏密、宽窄、长短、直斜和隐显等条件，还可再细分为更多类型。

每种类型地物在像片上都有其本身纹形图案，据此可识别相应地物，如针叶树与阔叶树、沙漠类型、海滩性质等。若地物依照影像形状和色调不易区分，则可参考其纹形图案，如草地与灌木，草地影像呈现细致丝绒状纹理，而灌木林则呈现点状纹理，较草地粗糙。

6. 位置布局特征

位置布局特征是指地物环境位置以及地物间空间位置关系在像片上的反映，也称为相关位置特征，是最重要的间接判读特征。

地面上的地物都有其存在的空间位置，并且与周围其他地物间有某种联系。例如，造船厂要求设置在江边、河边、湖边、海边，不会在没有水域的地段出现；公路与沟渠相交处一般为桥涵。特别是组合目标，它们由一些单个目标按一定关系布局配置，如火力发电厂由燃料场、主厂房、变电所和供水设备等地物组成，这些地物按电力生产的流程顺序配置。因此，地物间的相关位置特征有助于识别地物性质。再如，草原上有的水井影像很小，不容易直接判读，但可以根据很多条放牧小路的影像相交于一处进行识别；河流的流向可根据河流中沙洲滴水状尖端方向、支流汇入主流相交处的锐角指向、停泊船只尾部方向、浪花与桥的相关位置等标志进行判断。

7. 活动特征

活动特征是指目标活动所形成的征候在像片上的反映。如坦克在地面活动后留下履带痕迹、舰船行驶时激起浪花、工厂生产时烟囱排烟等，这些都是目标活动的征候，是判读的重要依据。

上述 7 个判读特征，在应用中要综合分析、综合考虑，如单凭某一特征判读，通常不完全可靠。对于判读特征的运用，必须通过不断学习和实践，总结经验后，才能较好地掌握。

4.1.2　判读影像方法

航摄像片的判读普遍采用目视判读方法，目视判读又可进一步分为野外判读和室内判读。

野外判读是把像片带到所摄地区，根据实地地物、地貌的分布状况和各种特征，通过与像片影像的对照来进行识别。它的优点是判读方法简单、易于掌握，判读效果稳定可靠；缺点是野外工作量大，效率低，但却是航测成图调绘时长时间采用的一种方法。

室内判读主要根据物体在像片上的成像规律和可供判读的各种影像特征以及可能收集到的各种信息资料，采取平面、立体观察和影像放大、图像处理等技术，并通过与野外调绘的典型样片比较、推理分析等完成识别工作。室内判读能充分利用像片影像信息，充分发挥各种图件资料、仪器设备的作用，减少野外工作量，改善工作环境，提高了工作效率，是目视判读的发展方向。

室内判读对判读人员自身的素质要求较高，故目前判读的准确率还不是很高。因此，室内判读应该与野外判读相结合，即采取所谓的室内外综合判读法。

1. 准备判读

(1)收集辅助资料。收集地形图、图表、现状图以及官方确认的文字说明等。

(2)收集或制作样片。我国幅员辽阔、地形复杂，判读人员要了解各种地物地貌的信息，必须借助于判读样片，判读样片可以帮助判读人员构思以图像形式出现的信息，并指导判读人员正确识别未知物体。

判读样片可以自己制作，也可以利用有关单位的样片图集。

(3)训练判读能力。作为一个航测外业工作者，必须有较好的视觉敏锐度和立体效应、逻辑推理能力、自然地理及地貌学知识和专业知识，以及一定的社会经验和工作责任心。

（4）准备辅助判读的仪器设备。包括准备放大镜、立体镜、航空判读仪等仪器设备。

（5）评定影像质量。用于判读的像片，必须满足以下条件：

①航片上所有地面景物的细节必须充分显示，并具有适当密度；

②相邻地物影像和同一地物的细节影像都应具有明显的、眼睛能觉察到的反差；

③亮度相同的地物，不论构像于像幅中任何位置，都应当有相同的色调和密度。

2. 目视判读

1）判读原则

一般情况下，判读可首先从宏观的整个地区分析开始，然后再对细部进行认真的判读分析。判读者要按顺序编排像片、爱护像片，有条不紊地进行工作，从一般细部到个别细部、从已知特征到未知特征、从局部特征到整个区域的判读特征，循序渐进地进行工作。

2）目视判读一般方法

（1）对比法。包括同类地物对比分析法、空间对比分析法和时相动态对比分析法。同类地物对比分析法是在同一景影像上，由已知地物推出未知目标地物的方法。空间对比分析法是根据待判读区域的特点，判读人员选择另一个熟悉的与影像区域特征类似的影像，将两个影像相互对比分析，由已知影像为依据判读未知影像的一种方法。时相动态对比分析法是利用同一地区不同时间成像的影像加以对比分析，了解同一目标地物动态变化的一种判读方法。

（2）信息复合法。这是利用透明专题图或者透明地形图与影像重合，根据专题图或者地形图提供的多种辅助信息，识别影像上目标地物的方法。

（3）综合推理法。这是综合考虑影像多种判读标志，结合生活常识，分析、推断某种目标地物的方法。

例如，在航空摄影像片中，公路的构像为狭长带状，在晴朗天气下成像时，公路因为平坦、反射率高，影像呈现灰白色或浅灰色调，铁路在形状上的构像与公路相似，但色调为灰色或深灰色，从色调上比较易于识别。但大雨过后的航空像片上，公路因路面积水，影像色调也呈现灰色至深灰色，很难依据色调区分公路与铁路，此时就需要采用综合推理法。汽车转弯相对灵活，公路转弯处半径很小，而火车转弯不灵活，铁路在转弯处半径很大；铁路在道口与公路或大路直角相交，而大路与公路既有直角相交，也有锐角相交；铁路每隔一定距离就有一个车站，根据这些特征进行综合分析，就可以将公路与铁路区别开来。

（4）地理相关分析法。这是根据地理环境中各种地理要素之间的相互依存、相互制约的关系，借助专业知识，分析推断某种地理要素性质、类型、状况与分布的方法。

3. 野外判读

1）了解像片比例尺

了解像片比例尺对于判读有重要的意义，因为利用它可以衡量判读的难易程度。一般来讲，像片比例尺越大，影像特征越明显，越易于判读。而且确定了像片比例尺后，可以在影像上进行尺寸量测，从而确定较小地物及新增地物的准确位置、大小，有利于综合取舍等。

像片比例尺大概数值可以从航摄鉴定书中查找，但该比例尺是依据每个航摄区平均航高的概算，不能用于地物的实际尺寸计算。较精确测定比例尺的方法有：

（1）利用地形图求像片比例尺。用像片上某一线段的量测值和旧地形图上量得的相应线段实际长度之比，即可求得像片比例尺。在选择线段时，一般应大致对称于像主点，且选择互相垂直的两条线段来计算像片比例尺，以减少像片倾斜带来的影响。

（2）利用实地距离求像片比例尺。用像片上某地物影像的量测值和该地物的实际长度之比求像片比例尺。一般在1∶10000航测成图中，要求用于像片判读的像片比例尺应大于1∶16000。为了保证精度，当像片比例尺太小时，可在放大后再用于作业。

2）了解摄影时间

了解摄影时间，便可了解航摄像片的新近程度。摄影时间可以从航摄资料鉴定表中查取。摄影时间距离实际野外判读时间越长，测区变化越大，判读越困难。

了解摄影时间，还可以知道摄影的季节。不同季节摄影，地物面貌会有很大不同，地物在像片上的构像色调也不一样，地物存在状况也产生变化。例如，雨季摄影时，季节性河流和干河床可能暂时有水，判读时实际无水；河流、湖泊、水库的水涯线比常水位高。又如，冬季摄影时，田里庄稼已收割，大部分树林已落叶，像片色调与夏季判读时看到的颜色不相适应。

3）了解测区一般情况

在进入实地判读之前，应根据像片、老图和其他资料，对测区进行一般了解，做到判读心中有数。应了解测区的地形情况，如平地、丘陵、山地、沙漠、草原等；了解测区的水系状况、交通状况、森林品种和类别，以及分布情况、居民地类型和分布情况等，了解这些情况对于像片判读中宏观分析问题会有许多帮助。

4）野外判读方法

对于初学者而言，到实地判读，最好先选择地物比较简单、像片比例尺比较大的航摄像片进行练习。因为像片比例尺大，判读特征在像片上表现比较明显；地物简单，判读就比较容易，这对掌握基本判读方法有利。之后，像片比例尺可以逐步由大到小，地物可由简到繁，逐步提高判读技能。

（1）选好判读点位。判读时，判读人员要尽可能站在判读范围内比较高的地方。看到的范围大，总貌特征比较明显，容易确定像片方位和自己在像片上所处的位置。

（2）确定像片方位。将像片方向与实地方位联系起来，使它们基本一致，这也叫做像片定向。首先判断出判读人员所在位置，然后与周围明显突出目标对照、旋转像片，使之与实地方位一致。像片定向后再进行详细判读，就会比较容易。

（3）判读地物地貌元素。像片判读最终目的是判读航测成图所需要的地物、地貌元素。这在像片定向后即可进行。此时，应注意掌握"由远到近、由易到难、由总貌到碎部、逐步推移"的方法，寻找判读目标的准确位置。

由远到近：远处范围大，总貌清楚，容易弄清大的、明显的地物间关系，从而迅速在像片上找到它们的具体位置。由远到近就是先判读远处大的、明显的目标，再推向近处，寻找判读目标的准确位置。

由易到难：先抓住容易判定的特征地形，迅速找到它们在像片上的单体位置，以此为基础，向周围扩展开去，找出较难判定的目标位置。

由总貌到碎部：大的河流、村庄、山岭、铁路、公路、森林等主要明显的地物，构成地区的地形总貌，在像片上容易判定。在判定总貌基础上，再缩小到某一范围去判定具体目标的位置，就会比较容易。

逐步推移：这是判读中较常采用的方法。假设第一个地物已经判读出，则紧靠着的第二个地物就不难判定；第二个地物判读出后，紧靠着的第三个地物也就判定了。如此逐步推移下去，一定可以准确判读出所需要识别的目标。

综合运用以上方法，就能较迅速、准确地判定全部地物、地貌元素的位置。

（4）走路过程中的判读。在地物密集的地区，到处都分布着需要判读的目标，这时就应注意"看、听、想、记"相结合，才能收到良好的效果。

看：边走边看，留心周围需要判读的目标。一旦发现目标，立即判读、记录。

听：用耳朵寻找需要判读的目标。如听见汽车、火车的声音，就一定有公路或铁路；听见流水声，就可能有河流或其他水源；听见放炮的爆炸声，就可能有采石场。

想：边走边思索、分析。例如，想一想现在在像片上什么位置，下面该往哪里走；想想还有什么目标需要判读，是否有遗漏；想一想是否有需要量注数据的地物。

记：要记住走过地方的特征，读过地物的形状、位置、方向等特点，以便于清绘时检查记录的正确性，修正和补充记录不足。实际判读时，许多地物往往不需要记录，全凭记忆在清绘时绘出，如铁路、公路、树林、大的桥梁、大面积旱地、水稻田，甚至比较明显的乡村路、小路等。判读人员应培养自己职业记忆能力。

5）勤看立体，随时检核

看立体是帮助判读的重要手段。立体模型可以使需要判读的地物显得更清楚、更生动、对比感更强。许多从平面像片上很难辨认的地物，在立体模型下却很清楚，尤其是对于地形起伏、地物繁杂的地区更为重要。

应当指出的是，由于地物众多、地形千变万化，判读中出现错判时有发生，因此在判读过程中经常要进行检查，从多方面推判，直到确信无误为止。总之，野外判读是一项复杂、细致、责任心很重、技术性很强的工作，要求从事这项工作的专业人员，不但要有很好的技术水平，而且要有优良的思想素质，才能有效地完成这项工作任务。

任务结构图

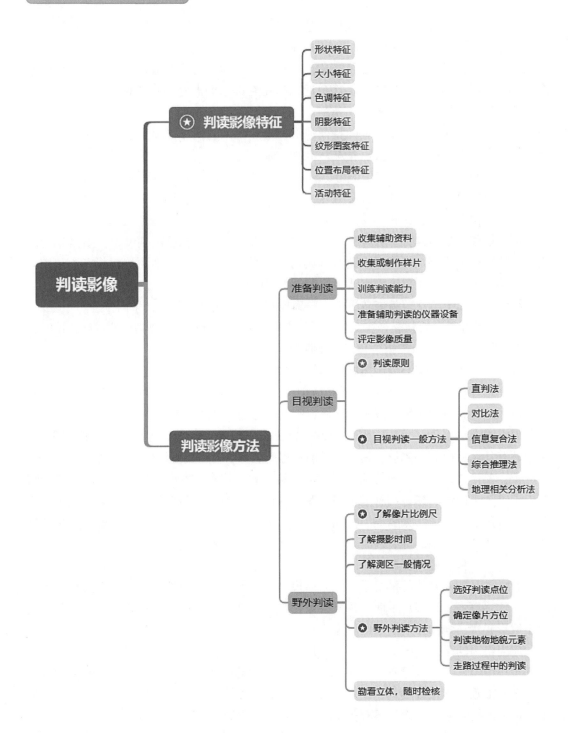

任务 4.2　调绘影像

调绘摄影像片是以判读像片为基础，把摄影像片上影像所代表的地物识别和辨认出来，并按照规定的图式符号和注记方式表示在摄影像片上。这是摄影测量中一项复杂而不可缺少的工作，是航测外业的工作内容之一。目前大多采用先室内判绘，后野外检查补绘的方法来完成。

4.2.1　运用图式符号

地形图图式是测制地形图的依据之一，地形图的使用者也是按地形图图式来识别和使用地形图，因此，在像片调绘中正确理解和运用图式符号十分重要。

1. 地形图图式符号分类

图式符号种类很多、形状各异。根据地形元素在图上的表示方法，可分为依比例符号、不依比例符号和半依比例符号。根据物体的性质，又可分为如下十大类，称为调绘的十大要素：

(1)测量控制点：包括三角点、水准点、埋石点等。

(2)居民地：包括独立房屋、街区、窑洞、蒙古包等。

(3)独立地物：包括革命烈士纪念碑、亭、庙宇、宝塔、水塔、烟囱、发电站、采掘场、窑、水车等。

(4)管线及垣栅：包括通信线、电力线、管道、围墙等。

(5)境界：包括国界、省界、地区界、县界、乡界等。

(6)道路：包括铁路、车站及附属建筑物、道路附属建筑物、公路、大车路、乡村路、小路等；

(7)水系：包括河流、湖泊、池塘、水库、沟渠、输水槽、人行桥、车行桥、渡口、拦水坝、瀑布、码头、水井、泉、沼泽、海岸线及干出滩等。

(8)地貌及土质：包括等高线、独立石、土堆、坑穴、山洞、岩峰、陡崖、冲沟、梯田坎等；

(9)植被：包括地类界、树林、疏林、独立树、竹林、灌木林、草地、经济林、菜地、耕地等。

(10)注记：包括居民地名称、各种地理名称、各种数字注记、各种说明注记等。

地形图图式符号众多，对于不同成图比例尺，地形图图式符号还有一些变化，要全部记住是具有困难的。因此，要掌握根据物体类型去查阅图式的方法。对一些常用的图式符号还应当逐渐熟悉、记住，这样有助于提高调绘速度，给作业带来方便。

2. 图式符号的定位和方向

1）图式符号定位

符号定位是指确定地形图图式符号与实地相应物体之间的位置关系，也就是要明确规定出符号的哪一点代表实地相应物体的中心点，哪一条线代表实地相应物体的中心线或外部轮廓线，这样才能准确地知道实地物体在地形图上的位置。

符号的定位有以下规定：

（1）依比例符号：符号的轮廓线表示实地相应物体轮廓的真实位置。

（2）独立符号：其几何中心点代表实地相应物体的中心位置，如三角点、埋石点、燃料库、水井。

（3）宽底符号：底部中心点为地物的中心位置，如烟囱、蒙古包、水塔、宝塔。

（4）底部为直角形的符号：直角的顶点为地物的中心位置，如独立树、风车、加油站、路标。

（5）几何图形组合成的符号：下方图形的中心点或交叉点代表地物的中心位置，如跳伞塔、无线电塔、石油井、变电室。

（6）下方没有底线的符号：下方两端点间的中心点代表地物的中心位置，如窑、山洞、窑洞、亭。

（7）半依比例符号：符号的中心线代表实地地物的中心线位置，如道路，以及不依比例尺表示的河流、堤、境界等。

2）图式符号方向

符号的方向就是符号与实地相应地物间的方位关系，分为以下三种情况：

（1）真方向符号：这类符号描绘的方向要求与实地地物方向一致，如独立房屋、空洞、山洞、打谷场、河流、道路等。但城楼、城门符号要求垂直于城墙方向，向城墙外描绘。

（2）固定方向符号：这类符号描绘的方向不随地物的方向而改变，始终垂直于南北图廓线描绘，符号上方指北，绝大部分独立地物符号属于固定方向符号，如水塔、烟囱、独立树等。另一种是西南-东北方向与南图廓线成45°角，如石灰岩溶斗、超高层房屋晕线等。

（3）依从方向符号：这类符号的方向依风向、光照和相关地物而变化，如日光从西北方向进来，表示对象的向阳面绘虚线或细线，背阳面绘实线或加粗线。

清绘时一定要事先从图式中查明符号的方向有什么要求，否则，会因符号方向错误而使别人无法理解或得出错误结论。

3. 光线法则

以虚实线表示的符号，如机耕路、乡村路，按光影法则描绘时，虚线绘在光辉部，实线绘在暗影部，如图 4-1 所示。一般在居民地、桥梁、渡口、徒涉场、涵洞、隧道或道路相交处变换虚实线方向。

用粗细线表示符号时，将细线绘在光线照射方向的一边，将粗线绘在阴影一边，原理同虚实线。例如，描绘简易公路时，细线应绘在光辉部，粗线应绘在暗影部。但在遇到弯曲道路时，为了便于描

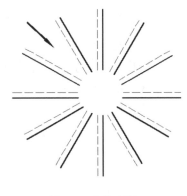

图 4-1　光线法则

绘，不需要将粗线频繁地变换方向，而应按光线法则，认定粗细线的一边顺着描绘，一直保持到下一个居民地、桥梁或其他双线路交叉处为止，中间不必变换线号。

4. 运用图式符号

在野外调绘时，要用辩证、对立统一的观点看待图式中的规定，既要遵守图式一般规定，又要从实际出发，分析、研究地物地貌的政治、经济和军事意义，正确地解决图式中的矛盾。

1）图式符号与实际地物的矛盾

图式中的符号虽有几百个，但也无法涵盖实地成千上万的地物地貌，只能代表性地表示。所以，当图式符号不够用时，要首先分析地物地貌的性质、特征和用途，考虑是否用相似的其他符号表示。若相似符号不能反映实际情况，则可根据专门需要，另外补充设计新的符号，但要经有关部门批准后方能使用，而且要在技术说明书中明确规定，在调绘像片上注明，在地形图上做图例说明，以免造成混乱。

2）使用与说明不具体的矛盾

图式对每个符号都有简要说明，但因我国幅员辽阔、地物地貌种类繁多，不可能都有极严格标准和详细说明。所以，当说明不够具体，不知该用哪个符号时，要对具体情况做具体分析。从用图目的着眼，看主要条件是否合乎标准。例如，庙宇已失去外形特征并改为他用，可用一般房屋符号表示，若是著名庙宇或仍有庙宇特征且具有方位作用，则仍按庙宇符号表示。

5. 应用简化符号

立测法成图时，野外调绘片不是直接用于制作线划地形图，而是作为内业测图的参考片，因此，在野外调绘时，根据内业成图的不同要求，可以适当采用简化符号。这样

不仅可减少野外调绘整饰的工作量，而且不会增加内业工作量。

所谓简化符号，就是将图式符号的形式、颜色、长短、粗细进行简化，或用文字、数字代替，表达同样的地图内容。这种简化后的符号表达形式，统称为简化符号。简化符号应用较广，特别是当像片比例尺偏小时，其使用价值更大。使用的简化符号有：街区、通信线、电力线、铁路、公路、土堤、路堤、滑坡、地类界、植被、干出滩、地貌及土质等。

1）简化符号的一般使用方法

（1）居民地街区：可以酌量放宽晕线的间隔，但至少一个方向的晕线不得少于2条。

（2）通信线、电力线、城墙、栏栅、铁丝网、篱笆：符号的点线间隔可放大0.5~3倍。

（3）不依比例表示的独立房屋：按图式规定描绘，但改用红色。

（4）地类界：改用0.15~0.2mm的红色细线描绘。

（5）当路宽不能依比例尺表示时，公路和简易公路也可采用简化符号，分别以红色实线或虚线表示。

（6）旱地：只绘地类界，不绘旱地符号。

（7）大面积陡石山：以地类界绘出范围，在范围内注出"陡石山"（红色）即可。

（8）双线铁路、单线铁路、建筑中的铁路、窄轨铁路、路堤、滑坡：图式中有相应简化符号，可根据具体情况统一采用。

2）采用简化符号的注意事项

（1）调绘采用简化符号，同样是内业成图的依据，因此简化符号的定位、范围、性质等必须表示准确。

（2）简化符号不能与相应的正式符号混合使用，一般采用红色以示区别。

（3）像片图测图、地形图修测等，是直接提供复照制版用的印刷原因，因此整饰时要用图式中的正规符号，不能用简化符号。

（4）简化符号必须按图式规定的范围或业务部门统一规定的办法进行，不能各行其是，否则会使内业人员无法辨认，造成混乱。

（5）采用简化符号后，应不致引起后一工序的困难，不应增加符号移位或影响实地情况。例如，在1∶10000图上，两条平行道路的间隔（按道路中心计算）在图上小于1mm时，不能使用简化符号。一是因为内业处理难度大，公路符号的宽度是0.8mm，两条平行公路符号最低限度是1.45mm（省略一条0.15mm的边线），如果在两条中心线小于1mm的情况下采用简化符号，内业成图时必然要扩大描绘，而要扩大，就可能与道路旁的地物发生矛盾，对这样的矛盾，内业工作则无法处理。二是因为两条平行道路都不能同时依其本身符号描绘，显示不出高一级和低一级道路的区别，对这样的问题，内业也无法处理。

另外，使用各种铁路和公路简化符号时，符号的中心线应与道路的中心线一致，且符号应加粗到 0.5mm，以便正确表示道路与两侧地物间的相关位置，如果道路上有路堤，可直接用黑短线绘在简化符号的边缘。

(6)使用地类界和植被的简化符号时，要注意以下几点：

①地类界的红色细实线要与公路的红色细实线区分，描绘时，地类界的线要画细一些。

②地类界的简化符号和文字说明一般不能用同一种颜色。如大面积地类界用红色细实线表示，文字说明或数字注记则要用黑色；小面积的植被用简化符号绘出后，内部加绘相应的植被符号即可。

③地类界内有两种以上的植被时，一般不用简化符号，因为不能分清主次关系。

④全片或面积较大具有明显界限的同一植被、土质等，可不绘符号，在调绘线外用红色注记说明即可。例如"全片均为旱地"，除用相应的植被、土质符号表示外，其余均为戈壁滩等。

⑤所采用的简化符号，在同一批或同一幅图的每一张像片内应一致。

4.2.2 综合取舍

1. 综合取舍含义

1∶5000 或 1∶10000 图像片调绘时，不可能、也不必要将地面上的地物地貌全部表示在像片上，因为像片上过多地表示地物地貌元素，不但会造成主次不分、影响成图清晰度，而且还会增加不必要的外业工作量。所以，在外业调绘时，要进行综合取舍。综合是指根据一定原则，在保持地物原有性质、形状、轮廓、密度和分布等主要特征的同时，对某些地物分不同情况进行数量和形状上的概括。取舍是指根据测制地形图的需要，在调绘过程中，选取重要地物地貌元素予以表示，对一些次要部分则舍去，不予表示。

综合还包括两层意思：一是将许多同性质又联结在一起的某些地物，如房屋、稻田、旱地、树林等，聚集在一起，不再表示它们的单个特征，而是合并表示它们总的形状和数量；二是在许多同性质地物中，还存在某些别的地物，如稻田中有小块旱地，连成片的房屋中有小块空地等，这些地物如果舍去，则意味着将它们合并到周围的多数地物中，改变了它们原有的性质。这些地物如果被选取(如稻田中的小块旱地比较大，有一定目标作用，应单独表示)，则意味着它应从周围地物中脱离出来，不能综合。

综合与取舍互相联系、互相制约。综合取舍过程就是对地物地貌进行选择和概括的过程。综合过程中有取舍，而取舍过程中也有综合，不能孤立地去看待它们。

2. 综合取舍原则

综合取舍是调绘过程中比较复杂、难以掌握的一项技术。有的地物可以综合，如连成片的房屋、稻田、树木；有的地物又不能综合，如道路、河道、桥。同一地物在某种情况下可以综合，如房屋连成片；而在另一种情况下又不能综合，如房屋分散或整齐排列。同一地物在有些地区应该表示，如小路在道路稀少的地区应尽量表示；而在另一地区则可以舍去或者选择表示，如道路密集的地区。这就要求调绘人员认真理解综合取舍的精神和有关规定，而且只有通过长期实践，不断总结经验，才可能较好地掌操这项技术。

1）应根据地形元素在国民经济建设中的重要作用进行综合取舍

地形图主要服务于国民经济建设，因此，地形图所表现的内容也应服从这一主题。凡是在国民经济建设中有重要作用的地形元素，调绘时都要详细表示，如铁路、公路、居民区、水源、三角点、水准点、电力线、较大面积的树林，以及在地图判读、定位、设计、施工中对量算具有重要作用的各种突出地面的独立建筑物，如宝塔、烟囱、独立树等。

2）应根据地形元素分布密度进行综合取舍

地形元素的作用在一定条件下也有相对性。如在水网地区，个别水源显得不那么重要，但是在干旱地区，水源的重要性就大大提高，因此，调绘时要根据地形元素分布的密度考虑综合取舍。一般情况下，某一类地物分布较多，综合取舍幅度可大一些，即可适当多舍去一些质量较次的地物；反之，综合取舍幅度就应小一些，即尽量少舍多取或进行较小的综合。如在人烟稠密的地区，小路很多，应选择主要的进行表示；在水网地区，到处都是水源，舍去几个小水坑、小水塘是常有的事；在树木生长较多的地方，田间散树也多，可以少表示或不表示；但如果这些地物出现在人烟稀少的地区、干旱地区、很少生长植物的沙漠地区，就必须表示，否则视为重大遗漏。

3）应根据地区特征进行综合取舍

根据地形元素分布密度进行综合取舍的同时，还要注意反映实地地物分布的特征，否则就会使地形图表现的情况与实地不符，面貌失真，降低地形图的使用价值。如在小路很多地区，如果大量舍去小路，则图面便会变得与人烟稀少地区的小路分布差不多，进而失去这一地区小路分布的特征；同样，在水多的地方应相对地反映水多的特点，在树多的地方应相对反映树多的特点。也就是说，在综合取舍过程中，要注意地形元素的相对密度，即实地密度大，图上所表现的密度也大；实地密度小，图上反映的密度也小，这才符合客观分布情况，综合取舍时必须辩证地处理两者间的关系。

4）应根据成图比例尺进行综合取舍

成图比例尺越大，图面的承受能力也越大，用图部门对图面表示内容的要求也越高，图面应该而且有条件表示得详尽一些。因此，调绘中综合的幅度就应该小一些，即多取少舍，少综合；反之，成图比例尺越小，综合取舍的幅度就可以大些，即可以相对多舍，多综合一些地形元素。

5）应根据用图部门对地形图的不同要求进行综合取舍

不同专业部门对地形图表示的内容以及表示的详尽程度有不同要求，如水利部门要求详细表示水系分布、水工建筑、地貌形态、居民地分布、交通条件等内容，林业部门要求详细表示森林分布状况、生长情况、树种名称，以及密度、森林的采伐情况、林中的空地、通行情况等。总之，这些具有专用性质的地形图各有侧重，调绘时可根据不同要求决定综合取舍的内容和程度。

正确运用以上原则的同时，还必须结合规范、图式有关规定和实际情况，绝不能照搬、采取统一模式。

取与舍、合并与保留是既对立又统一，有取就有舍，有舍就有取，地面上繁多的地物必然有主要和次要之分，即使同一种地物，也要进行取舍，原则是：取突出明显、舍不突出不明显，取主要、舍次要，取大、舍小，取永久性、舍临时性，与用图直接有关则优先表示，一般的则酌情化简。

3. 综合取舍时应处理的几个关系

1）准确与相似

准确是指重要地物位置要准确表示，次要地物可以移位、综合或舍去。相似是指次要地物移位、综合或舍去后，要保持相关位置与实地一致，不失去总貌和轮廓特征。例如，工矿区的烟囱、水塔、主厂房等是主要地物，一定要准确表示，而其近旁的次要地物不能按其真实位置表示时，则可以舍去或移位，但移位后，必须使相关位置与实地一致。又如小路旁的独立房屋，要按其真实位置表示；河流、小路并行，且紧靠陡坎时，河流要保持真位置，小路与河流不能重叠，陡坎可适当移位。

2）主要特征与次要特征

综合取舍时，一定要保持地物、地貌的主要特征，综合和舍去次要特征。例如，铁路通过居民地时，不得缩小其符号尺寸，也不得移动其位置；当明显突出的独立地物紧靠铁路时，则铁路符号可中断，独立地物应按其真位置表示。另外，如学校、厂矿等建筑规则的散列式居民地，不可合并；几个紧靠的池塘或砖窑，只能取舍，不能合并。

3）同一地区地物取舍的多与少

同一地区的某种地物密度基本一致。因此，在同一地区或同一幅地图中对某地物取舍多少应保持一致，应反映该地区的地物分布和密度特点。例如，对大面积梯田区的每张调绘片，不能在有些调绘片上取得很多，而在有些调绘片上舍得很多。

总之，综合取舍是一个比较复杂而又重要的工作，必须用对立统一的观点、辩证唯物的方法，经过实地调查和具体分析，才能取舍得当，同时也需要外业人员不断总结经验教训，使调绘成果能反映实际，满足用图需要。

4.2.3 准备调绘

1. 准备调绘像片

1）选择像片并编号

选择最清晰的像片作为调绘像片，同时对像片质量进行仔细检查。主要检查像片影像质量是否符合调绘的一般要求，有无云影、阴影、雪影、航摄漏洞等情况；检查像片比例尺是否能保证调绘质量，最好的办法是看看各种比例尺表示的地物是否能清楚地在像片上描绘；如果像片比例尺太小，可申请放大。应对调绘像片进行编号。

2）准备调绘工具

调绘工具应考虑周到。除调绘像片外，还应带上配立体的像片、像片夹、老图、立体镜、铅笔、小刀、砂纸、橡皮、钢笔、草稿纸、皮尺或其他方便的量测工具、刺点针，以及其他必要的安全防护用品等。另外，每一张调绘像片都要贴一张透明纸，透明纸的一边贴在像片背面边缘，透明纸的大小以翻折以后能盖住像片正面为原则，它的主要作用是在调绘时作记录和描绘。

航摄像片比较光滑，调绘时不易着铅，清绘时也不易上墨。因此，调绘前，应对像片做适当处理，一般方法是用砂橡皮（即硬橡皮）在像片正面适当用力地来回擦，直到能着铅为止。但注意不要擦坏影像。

3）拟订小计划

如果第二天准备调绘某一张像片，事先应拟订一个小计划。所谓小计划，就是通过对像片进行立体观察，结合老图和其他有关资料对调绘地区进行初步分析，并在分析基础上安排第二天调绘的范围、路线、重点，以及调绘中应注意解决的问题。

初步分析主要是掌握调绘区域的地形特征，如居民地的分布及类型特征、水系、道路、植被、地貌、境界以及地理名称的分布情况。初步掌握情况，可以估计调绘的困难程度，明确调绘重点、调绘路线以及可能出现的问题。

调绘路线要根据地形情况和调绘重点进行选择。

平地：居民地多时，应沿着连接居民地的主要道路进行调绘，调绘路线可采用"S"形或梅花形，但对沙漠、草原、沼泽等人烟稀少的平坦地区，应沿着主要道路进行调绘。

丘陵地：居民地一般多在山沟内，调绘主要跟着山沟转。但有时为了走近路或者调绘山脊上某些地物，也会穿过山脊。丘陵地山都不高，调绘时有更多的灵活性。

山地：一般采用分层调绘的方法，即先沿沟底再上山坡，一层调完再上更高一层，直到一条大沟调绘完，再转到下一条大沟。

调绘范围内如果有铁路、公路和较大的河流，一般应作为调绘路线，沿线调绘，这样便于详尽地表示其附属建筑物。

2. 划分调绘面积

调绘面积是指每一张调绘像片进行调绘的有效工作范围。因为一幅图包括若干张航摄像片，而且像片之间又有一定重叠，如此必然会产生调绘像片之间的接边，即要划分工作范围。这是调绘之前必须进行的工作，也是很重要的工作。

调绘面积的划分有以下要求：

(1)调绘面积以调绘面积线标定，为了充分利用像片，减少接边工作量，正常情况下要求采用隔号像片作为调绘片描绘调绘面积线。

(2)调绘面积线应绘在隔号像片的航向和旁向重叠中线附近，这样可以充分利用像片上影像比较清晰、变形较小的部分进行调绘。

(3)调绘面积线应离开像片边缘 1cm 以上，但压平线可以不考虑。

(4)全野外布点时，调绘面积的 4 个角顶应在四角的像片控制点附近，且尽可能一致，偏离控制点连线不应大于 1cm，因为内业不能超出控制点连线 1cm 以外测图，否则势必一部分内容要转到另一个立体像对才能测绘，从而给内业增加某些不方便。

(5)调绘面积线在平坦地区一般绘成直线或折线。在丘陵和山地，则要求像片的东、南边绘成直线或折线，相邻像片的西、北边根据相应的直线或折线在立体下转绘成曲线，这是因为地形起伏所产生的投影差使像片上的直线在相邻像片上变成了曲线。如果在相邻像片上能过相应端点连成直线，则必然产生调绘面积的重叠或漏洞。

(6)划分调绘面积不允许有漏洞或重叠。所谓漏洞，就是一部分地面不在任何调绘范围之内。所谓重叠，则是指一部分地面同时出现在相邻的两张调绘像片调绘面积内。显然，前一种情况使一部分地区成为空白，内业无法测图；后一种情况则增加了重复调绘的工作量。

(7)调绘面积线应避免分割居民地和重要地物，并不得与线状地物重合。为此，可将调绘面积线描绘成折线；否则，调绘面积线两边的地物由于调绘面积线的误差影响，容易产生扩大、缩小或者遗漏。还应注意，不要破坏刺点目标的影像。

(8)图幅边缘的调绘面积线如为同期作业图幅接边，可不考虑图线的位置，仍按上述方法绘出，以不产生漏洞为原则；如为自由图边，则在以老图绘出调绘像片的图线后，实际调绘时应调出图廓线 1cm 以外，以保证图幅满幅和接边不发生问题。

(9)图幅之间的调绘面积线用红色，图幅内部用蓝色，并以相应颜色在调绘面积线外注明与邻幅或邻片接边的图号、片号。这样做主要是为了便于区分和查找像片。

（10）旁向重叠或航向重叠过小而需分别布点时，调绘面积线应绘在两控制点之间，距任一控制点的距离均不应大于1cm。

4.2.4 调绘一般规定

（1）房屋附属设施外业采用简注字母的方法定性，内业成图时改为正规图式符号。

（2）房檐宽注记以分米为单位，调绘到分米；其他长度尺寸标注均以米为单位，精确至小数点后一位。

（3）外业调绘图用圆珠笔或签字笔整饰均可，以保证图面清晰整洁为原则，颜色统一使用红、绿、蓝三种，具体规定如下：

红色：房屋附属设施的简注字母及廊宽数字、外业加绘的廊与房体的分隔线、地类界、电线拐点（含交叉点）符号、各类植被或土质性质简注、各类性质说明注记、所有修改地物的线条和补调的隐蔽地物和新增地物的图形、已拆除或不存在地物打"×"、独立地物的定性符号、修改或补漏的电力线、通信线路上的拐点，以及交叉点处的电杆、示向符号等。

绿色：房檐数字、修改或补调的水系线、流向、行树符号、水系的名称注记、井深、水系宽、水准点符号等。

蓝色：除以上规定使用红色和绿色以外的所有整饰均采用蓝色。如房屋的建筑结构、层数、地理名称注记，除房檐、水系宽、井深、廊宽以外的所有长度尺寸数字、补调地物定位距离的辅助线和指示线。电力通信线路的连线及其直线上的电杆、示向符号等。接边签名、调绘员、检查员签名和日期，以及图外说明等。

（4）原则上，外业调绘要对图面上内业采集的所有要素定性，凡是已拆除和实地不存在的地物（地貌）要逐个打"×"，即使是一小段多余的线头也应打"×"；在调绘时已经拆迁、仍在建或停建的地块，其范围用地类界绘出，并加注"施工区"。对已建屋基或建筑物地基、基本成型的建筑物，用"建"房表示；对已有新建成固定建筑物的，要定性定位补调（或用仪器实测）。

（5）对不允许进入测量的部队、企事业单位等，只调绘外围境界（如围墙、栅栏等），保留内业采集数据，对新增地物只补测外围境界，并加注"禁止测量"。

（6）外业调绘图的整饰要求字体工整、图面整洁，除用规定的简化符号外，其余符号均按图式绘出，室内整饰时，对于勘丈的房长、地物间距等均依比例绘出，以检查、避免丈量粗差。对于因地物多而细碎的情况，可在图廓外绘制局部放大图。放大图要按图幅统一编号，且保证图内外一致。编号可使用除 A、B、C 以外的大小写字母，亦可配合数字使用，如 E1、E2 等。

(7)需要外业用仪器实测的地物或区域，调绘时仍需在整饰图上完整表示该地物或该区域内的地物、地貌，用红色或蓝色水彩笔标记或圈出，在图外交代清楚此处见实测文件。

(8)地物复杂区域(或地物)若外业难以交代，可直接将此区域(或地物)在实测文件中编辑完善，但此区域(或地物)内所有地物地貌仍需在整饰图内完整表示，同时用另外一种水彩笔圈出或标记，并在图外交代清楚此处已编辑，见实测文件。

4.2.5 调绘影像方法

1. 调绘影像基本程序

(1)准备工作，包括划分调绘面积，准备调绘工具，做好调绘计划等内容。

(2)判读像片。其基本知识已在前面做了详细介绍。这时，应用像片对照实地进行判读，确定各种地形元素的性质以及它们在像片上的形状、大小、准确位置和分布情况。

(3)综合取舍。在像片判读基础上，对地形元素进行合理概括和选择。这是调绘过程中的重要手段。

(4)着铅。在综合取舍原则下，用铅笔将需要表示的地形元素准确、细致地描绘在像片或透明纸上，这是着墨的重要依据。

(5)询问、调查。主要指向当地群众询问地名和其他有关情况，调查各级政区界线的位置和可能没被发现的地形元素。同时，将所得结果准确记录在像片或透明纸上。

(6)量测。量测陡坎、冲沟、植被等需要量测的比高，并做相应记录。

(7)补测新增地物。新增地物是指摄影后地面上新出现的地物。因像片上没有其影像，按规范要求必须表示的元素就需要在实地补绘。个别新增地物可根据与其相邻地物影像的相对位置补绘。大面积的新增地物可采用其他办法补绘。

(8)清绘。根据实地判绘结果，在室内着墨整饰。按照图式规定的各种符号和规范要求，认真、仔细地描绘。

(9)复查。清绘中若还有不清楚的地方以及其他问题，应再到实地查实补绘。

(10)接边。检查调绘边线在邻幅或邻片间是否正确衔接。如本片调绘的道路通过调绘边线伸入相邻调绘像片，则相邻像片必须要有同一等级的道路与之相接，且相接位置吻合。如果有某一地物无法接边，则必须查实、修改，直到全部接好为止。

2. 调绘影像注意事项

1)远看近判调绘方法

所谓远看，就是调绘时不但调绘站立点附近的地物，而且随时观察远处的情况。因为有些地物，如烟囱、独立树、高大楼房等，在远处观察十分明显突出，而至近处则往往由于地形或其他地物的阻挡，反而看不清，或者感觉不出它们的重要作用。另外，有些地物从远处观察，容易看清它们的总貌、轮廓，便于勾绘，如面积较大的树林、稻田、旱地、水库等，而至近处则由于现场狭窄，只能看到局部，描绘时反而感到困难。但有些地物，在远处不能判定其准确位置，如独立物体，这时就必须在近处仔细判读它们的位置。因此，调绘独立地物往往采用远看近判相结合的调绘方法。

2）以线带面调绘方法

以线带面是指调绘时以调绘路线为骨干，沿调绘路线两侧一定范围内的地物都要同时调绘。做到"走过一条线，调绘一大片"，这样可以加快调绘速度。

3）着铅仔细、准确、清楚

着铅是调绘过程中最重要的记忆方式。它是在准确判读和进行综合取舍后记录在像片或透明纸上的野外调绘成果，是室内清绘的主要依据。因此，着铅必须仔细、准确、清楚。

除像片上影像明显、易记的地物，如铁路、公路、河流、水库、稻田、树林等，可以不着铅或简单注记外，一般调绘的地物都要仔细着铅，即在像片上或透明纸上用铅笔详细勾绘出地物影像的轮廓，并且要求位置准确、线条清楚，在室内清绘时能准确区分。对于独立地物，必要时应准确判出其中心点位置。

着铅时，既不能过于简单，也不能太详细，因为太详细会使得像片和透明纸上线划过分繁杂，反而不清楚。因此，调绘者必须逐渐培养职业记忆能力，让所有的调绘内容牢牢记在自己头脑中，这样还可以加快调绘速度。

4）养成"四清""四到"

"四清"就是站站清、天天清、片片清、幅幅清。站站清，就是调绘一处，就把这里的问题全部搞清楚。天天清，就是头天调绘的内容，第二天全部清绘完。一般不允许隔天清绘，更不允许隔几天以后才清绘。因为一天调绘的内容很多，隔的时间长了会记不清，容易绘错。片片清，就是调绘完一片，就要及时清完一片。幅幅清，就是一幅图彻底搞清楚后，再进行下一幅图的工作。尤其是收尾工作，如接边、复查、检查验收、修改、填写图历表等，一定要抓紧做完，不留尾巴。

"四到"指跑到、看到、问到、画到。"四到"的总目标还是看清、画准，只要看清、画准，也就能保证成图质量。

5）依靠群众，多询问、调查并分析

调绘过程中，有许多情况必须向当地群众询问、调查，以获得可靠信息。如地名、政区界线、地物的季节性变化、某些植物名称、隐蔽地物位置等，都必须向当地群众询问、调查才知道。因此，依靠群众、尊重群众是每个测量工作人员应有的态度和重要的工作方法之一。

有时由于语言不通、工作性质差异、文化水平低、表达能力不强等各方面的原因，在询问过程中往往出现问不清楚或者说错的现象。因此，对了解的情况要综合分析，以确保结论的准确性。

6）发挥翻译向导作用

在少数民族地区或者方言方音较重的地区，一般应有翻译或向导协助调绘工作。翻译、向导多是当地人，他们懂当地语言，有一定文化程度，熟悉当地情况，称得上是"活地图"，充分发挥他们的作用会给测绘工作带来很多方便，在生活上也会得到很多帮助。

调绘方法需得灵活运用，在实际工作中不断总结经验充实自己，才能逐步提高自己的作业水平。

3. 整饰调绘面积线外

整饰格式如图 4-2 所示。下面格式做如下说明：

（1）图幅编号注于像片北部中央；

（2）图幅内航线号由北向南编号，像片号自西向东编号；

（3）调绘面积线本幅内用蓝色，图廓线和自由图边线用红色；

（4）调绘面积线当有投影差影响时，东南边绘直线，西北边绘曲线。

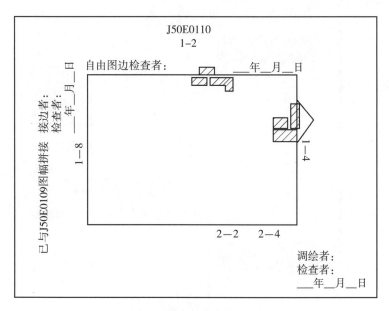

图 4-2　调绘面积线外的整饰

任务结构图

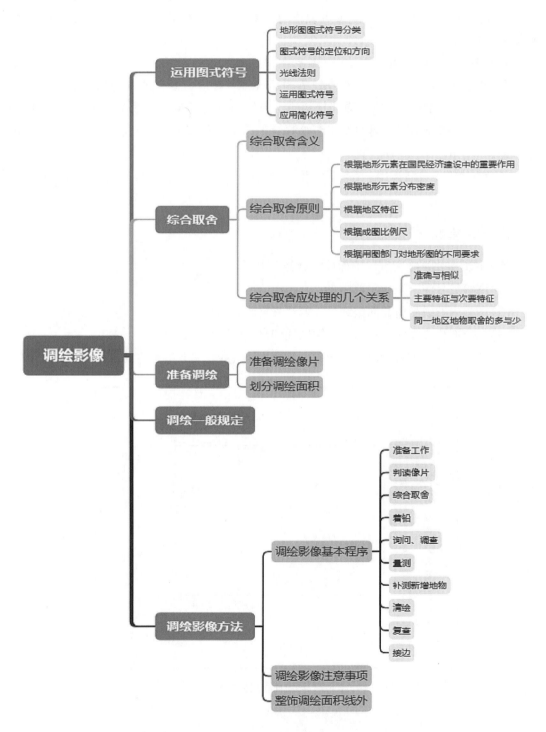

珠 峰 精 神

地球之巅珠穆朗玛峰一直以来充满着神秘、浪漫与危险。世界最高峰到底有多高，近代历史上众说纷纭，测量珠峰高程，描绘珠峰地形地貌，是人类认识地球、了解自然的过程，也是人类检验科技水平、探索科技发展的过程，更是极限挑战的自我超越。

我国先后 8 次开展珠峰测量。新中国成立后，中央人民政府提出要"精确测量珠峰高度，绘制珠峰地区地形图"，并将其列入新中国最有科学价值和国际意义的"填空"项目。我国测绘工作者先后于 1966 年、1968 年、1975 年、1992 年、1998 年、2005 年、2020年、2022 年对珠峰进行大规模的测绘和科考工作，3 次向世界公布珠穆朗玛峰高程：1975 年为 8848.13 米（包含峰顶积雪深度，第一次精确测量珠峰高程），2005 年为8844.43 米（为峰顶岩石面高程，并首次测出峰顶冰雪深度为 3.5 米），2020 年为 8848.86米（包含峰顶积雪深度，首次使用中国北斗卫星导航系统，且大量装备国产化，并运用航空重力测量技术）。

珠穆朗玛峰作为终年积雪、高耸入云的世界最高峰，测量其高度颇有难度。峰顶最低气温常年在零下三四十摄氏度，山上冰川、冰坡、冰塔林道随处可见，峰顶空气含氧量只有东部平原地区的四分之一，经常刮七八级大风，12 级大风也不少见。

1975 年珠峰高程测量中，一名队员在海拔 7790 米、距珠峰峰顶 1.9 千米处，因戴着手套不便操作，毅然脱掉了右手手套，冒着零下 40 摄氏度的严寒操作重力仪测得重力数据，创造了世界重力测量史的高度记录，但是他的四根手指却因冻伤坏死，做了截肢手术。2005 年，在珠峰测量开始前，队员开展了严格、艰苦的高强度登山和高山测量训练。2020 珠峰高程测量时，测量登山队员在恶劣的气象条件下 3 次向珠峰峰顶冲刺，终于在 5 月 27 日 11 时克服重重困难，成功从北坡登上珠穆朗玛峰峰顶，并在顶峰竖立起测量觇标，随后使用国产仪器接收北斗卫星导航系统等信号进行测量，使用国产雪深雷达探测仪探测峰顶雪深，使用国产重力仪进行重力测量。

登顶珠峰，是人类挑战自身、挑战极限、创新纪录的不朽篇章。一次又一次地登顶珠峰的背后，体现了强烈的探索欲和荣誉感，是从肉体到思想甚至到生命的付出，是人性难以用言语表达的努力。而不同时期以不同方式对珠峰所进行的多次高程测量，反映了人类对自然的求知、探究，一以贯之地凝聚着我国测绘工作者勇攀高峰的智慧和心血，坚持不懈地传承着测绘队伍挑战极限、理性探索的优良品格，百折不挠地形成了难能可贵的珠峰测量精神。

✎ 拓展与思考

(1)查阅资料，简述不同类型的影像上地物特征的区别。

(2)像片判读时，除了使用目视判读法，还有什么其他方法呢？

(3)目视判读的方法有哪些？试举例说明。

(4)野外目视判读的注意事项有哪些？

(5)影像调绘的意义是什么？

(6)野外调绘时，如何合理地使用图式符号和简化符号？

(7)综合取舍的含义是什么？像片调绘时，如何进行地物取舍？

(8)简述像片调绘的程序和注意事项。

项目 5
双像解析摄影测量

☞ **项目导读**

对具有一定重叠度的相邻像片，通过影像间的后方交会-前方交会，或者进行影像的相对定向-绝对定向，或者用光束法构建模型，便于进行立体观察、解译或测绘。影像交会是先由地面控制点确定像片的空间方位(6 个外方位元素)，然后通过影像上的像点坐标(立体像对)解求出地面任意点的三维坐标。影像定向是通过恢复相邻像片的相对关系(5 个相对定向元素)，建立任意立体模型，然后通过绝对定向完成坐标系统转换(7 个绝对定向元素)，得到真实的三维模型。光束法则是一次平差求出外方位元素和地面点的坐标。

☞ **学习指南**

掌握立体像对概念和立体效应原理，了解像对的分类和观察方法，理解单像后方交会、内定向的原理，掌握像对前方交会、相对定向、绝对定向的方法，掌握双像解析三种方法的特点。

任务 5.1　立体像对

立体像对简称像对，是由不同摄站获取、具有一定影像重叠度(一般 60%左右，无人机像对可达到 80%以上)的两张像片。由于立体像对具有重叠影像，因此在立体观察系统中就可构成立体模型，用肉眼或借助立体镜可以观察目标物体的立体信息，从而进行测量、生成数字高程模型(DEM)、制作正射影像图(DOM)等。

5.1.1　立体像对分类

在航空摄影测量中，立体像对分为理想像对、正直像对、竖直像对，如图 5-1 所示。

理想像对是指相邻两像片水平、摄影基线也水平的像对，如图 5-1(a)。正直像对是指相邻像片水平、摄影基线不水平的像对，即像片航高不同，如图 5-1(b)所示。竖直像

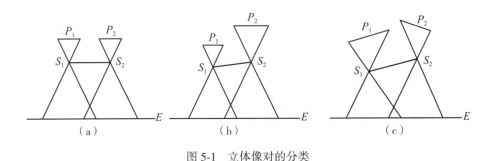

图 5-1 立体像对的分类

对是指相邻像片不水平、摄影基线也不水平的像对，如图 5-1（c）所示。

　　航空摄影测量是在飞行过程中拍摄，由于受到气流和飞行姿态变化的影响，一般都是竖直摄影像对。

5.1.2　立体效应

　　人在用双眼直接观察自然景物时，能够判断出景物的远近和高低起伏，这种具有立体感觉的能力称为天然立体视觉。在室内用双眼观察立体像对，也能获得与直接观察空间物体一样的立体感觉，这种现象称为像对立体观察。根据天然立体观察的特点和分析，可得出像对立体观察应满足的条件有：①由两个摄站点摄取同一景物而组成的立体像对；②每只眼睛必须分别观察像对的一张像片；③两条同名像点的视线与眼基线应在一个平面内。

　　进行像对立体观察时，在满足上述条件情况下，如果像片相对于眼睛安放的位置不同，则可以得到不同的立体效果，即可能产生正立体、反立体或零立体效应。

　　正立体是指观察立体像对能形成与实际景物起伏和远近相一致的立体感觉。当左、右眼睛分别观察与航线拍摄顺序一致的左、右像片时，就产生正立体效应，如图 5-2（a）所示，像对影像重叠部分向内；或者观察位置保持不变，但左、右像片互换，同时像片在其自身平面内各旋转 180°，然后再使左眼看原右像片、右眼看原左像片，这样得到的仍然是正立体，如图 5-2（b）所示，只是方位相差了 180°。正立体效应广泛应用于摄影测

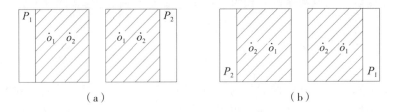

图 5-2　正立体效应

量的各个环节之中。

　　反立体是指观察立体像对时产生与实地景物起伏和远近相反的一种立体感觉。在图 5-2(a)的基础上，将左右像片在各自平面内旋转 180°，或将左右像片位置互换，如图 5-3 所示，此时获得的立体效应与实际情况相反，山脊变成山谷、洼地变成山头等。在摄影测量作业中，常用反立体效应检查正立体观测的正确性。

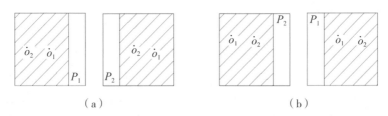

（a）　　　　　　　　　　　　　　　（b）

图 5-3　反立体效应

　　像对立体观察中形成的原景物起伏和远近消失的效应，称为零立体效应，如图 5-4 所示。将立体像对的两张像片在各自平面内绕某同名像点按同方向旋转 90°，在立体观察时就只有平面图像的感觉效果。此方式在某些场合有利于增强观察影像的清晰度，有利于地物的转绘和同名点的转刺。

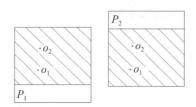

图 5-4　零立体效应

5.1.3　立体观察

　　立体观察像对时，必须每眼各看一张像片，即必须进行分像。肉眼直接观察像对时要达到分像的目的比较困难，这是因为，一方面改变了视轴交会于所视物点上的习惯(每眼各看一像片)，另一方面交会与调节两动作不协调，即交会角随着左右视差的大小不断改变，而观察距离不变始终调节在明视距离上。因此，一般要借助于专门的观察工具，立体摄影测量仪器都具备相应的观察系统。

　　1. 立体镜法

　　立体镜是对立体像对进行立体观察的简单工具，主要由两个透镜构成。透镜的作用是使左眼只看左像片，右眼只看右像片(称为分像)，并使影像放大。通过立体镜观察两

101

张像片的重叠部分，便能看到立体模型。

立体镜分为袖珍立体镜和反光立体镜。如图5-5所示，袖珍立体镜（也称桥式立体镜，或透镜式立体镜）是有折叠支架的小型航片判读仪器。袖珍立体镜的镜架上装有两个凸透镜，透镜间的距离为45~75mm，可根据判读者的眼基线进行调节，镜架高等于透镜焦距，透镜放大倍率一般为2倍左右。影像的光线经透镜，分别平行进入左、右眼中，达到分像而获得立体效应。

当用眼睛观察时，照片重叠放在凸透镜下边，由于凸透镜到桌面距离等于透镜的焦距，相当于一倍焦距，一倍焦距焦点发出的光线经过凸透镜折射以后正好为平行光，眼睛看到的就是平行光，相当于看到无穷远的实物，这时眼睛会很舒服，自然地就达到了分像目的。这种立体镜的优点是携带方便，适用于野外工作，而且价格便宜；缺点是所用像片必须紧靠着放在透镜下的适当位置，观察范围比较小。如要观察大像幅像片，可采用长焦距的反光立体镜。

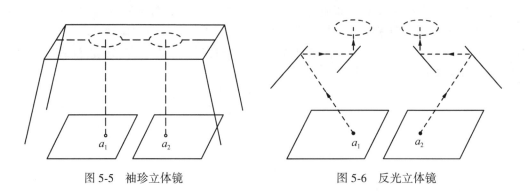

图5-5　袖珍立体镜　　　　　　　　　　图5-6　反光立体镜

如图5-6所示，反光立体镜由两对反光平面镜和一对透镜组成，平面镜安置成45°的倾角。在反光镜下面安置的左、右像片上的像点所发出的光线，经反光镜的两次反射后分别进入人的左、右眼，达到分像目的；同时观察的像片位于反光镜透镜的焦面附近，像点发出的光线经透镜后差不多成平行光束，因而眼睛始终调节在远点上，很容易使交会与调节相适应，而得到清晰的立体效果。透镜的唯一作用是放大，反光立体镜放大倍率为2~4倍。

2. 互补色法

互补色法是利用互补色的特性达到分像视觉目的立体观察，两个色光叠加形成白色光，则这两种色光称为互补色。三原色是红、绿、蓝。红和蓝叠加形成品红，品红和绿叠加就形成白光，那么品红和绿就是互补色。红和绿叠加形成黄，黄和蓝叠加形成白光，那么黄和蓝就是互补色。绿和蓝叠加形成青，青和红叠加形成白光，那么青和红就是互补色。最常用的互补色为绿、品红。互补色法分像可采用互补色加法和互补色减法两种。

1）互补色加法

将一对透明的像片分别置于仪器的左、右投影器内，在暗室内用白光照明像片。如图 5-7 所示，在投影器物镜前面分别放置品红色滤光片和绿色滤光片，那么在共同的白色承影面上就可以得到品红色和绿色混杂在一起的影像，而在投影像幅区域之外便是黑色背景。

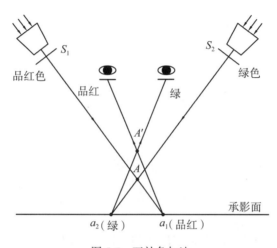

图 5-7 互补色加法

当投影在承影面上的同名像点 a_1、a_2 连线满足平行于眼基线条件时，观察者便可戴上品红绿色眼镜去观察承影面上的彩色投影影像。由于右投影器的绿色投影影像不能透过左眼的品红色镜片，对观察者左眼而言，像点 a_2 便成为黑色，融合到黑色背景中。同理，左投影器的品红色影像是通过左眼红色镜片而为左眼所见，即看见像点 a_1。也就是说，戴红色镜片的左眼看不见承影面上右像片的绿色投影影像，戴绿色镜片的右眼也看不见承影面上左像片的红色影像，从而达到了分像的目的。

当眼基线平行于同名影像连线时，两条视线相交就获得视模型点 A'，如果观察者两眼位置变动，视模型点 A' 位置也随之而变。在图 5-7 中，S_1a_1 与 S_2a_2 两投影射线空中相交的 A 点，形成稳定不变的几何模型点。

2）互补色减法

互补色减法一般用于互补色印刷品的立体观察。如图 5-8 所示，在同一张白纸上，分别用品红、绿两种互补色印刷一对像片得到一张互补色构像交错在一起的彩色立体图画。观察者左、右眼戴上品红绿互补色眼镜，在明室内对立体图画进行观察。对于戴品红色眼睛的左眼而言，白色图纸的背景被看成品红色，致使立体图画中用品红色印刷的图像与背景融合在一起，左眼无法再分辨出品红色图像，或者说看不见品红色图像；而用绿色印刷的图像，由于其不能透过左眼前红色镜片，所以被看成黑色。如此，左眼观察到品红色背景里的黑色绿像图形 a_2，而右眼观察观察到绿色背景的黑色红像图形 a_1，最终立体观察出白色背景下的黑色立体式模型，这样就达到了分像的目的。

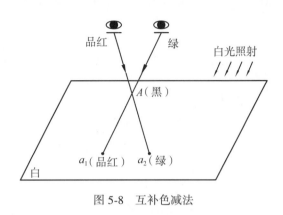

图 5-8　互补色减法

3. 偏振光法

光线通过偏振器分解出偏振光，偏振光的横向光波波动只在偏振平面内进行。在偏振光的光路中如有另一个偏振器，则偏振光通过第二个偏振器后的强度将随两偏振器间相对旋角的改变而改变。

因为 $I_2 = I_1 \cos^2\alpha$，其中 α 为两偏振器间的夹角，I_1 为偏振光的强度，I_2 为通过第二个偏振器后的光强。当两偏振平面相互平行，即 $\cos\alpha = \cos 0° = 1$ 时，则偏振光取得最大光强。当两偏振平面垂直，即 $\cos\alpha = \cos 90° = 0$ 时，则 $I_2 = 0$，表示偏振光不能通过第二个偏振器，也就是说在第二个偏振器的另一边看不见光线。

由此，在一对像片的投影光路中放置一个偏振平面垂直于偏振器，以两组横向光波波动成相互垂直方向的偏振光，将影像投影到特制的共同承影面上。观察者戴上偏振光眼镜，两镜片的偏振平面相互垂直，且分别与投影光路中偏振器的偏振平面相平行或垂直。当双眼观察承影面上的一对混杂在一起的投影影像时，就能达到分像的目的，从而得到人造立体。我们看的立体电影，正是利用了偏振光法。

4. 交替光闸法

交替光闸法需要一个红外发射器，计算机的显卡有一个同步器，观察的时候，左片和右片高频交替显示，与眼睛的开闭配合，从而实现分像。由于影像在人眼中的构像能保持 0.15s 的视觉暂留，因此光闸法的交替频率只要加上 10 次/s，人眼的影像就会连续构成立体视觉。

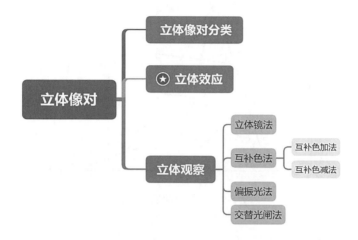

任务 5.2   影像交会

5.2.1   单像空间后方交会

如果知道每张像片的 6 个外方位元素，就能确定被摄物体与航摄像片间的关系，因此，如何获取像片的外方位元素，一直是摄影测量工作者所探讨的问题。目前，广泛采用雷达、全球导航定位系统以及惯性导航系统(INS)等方法来获取像片的外方位元素，也可利用摄影测量空间后方交会，如图 5-9 所示。

后方交会的基本思想是：利用至少 3 个已知地面控制点的坐标与其像片上对应像点的坐标，根据共线方程反求该像片的外方位元素 X_S、Y_S、Z_S、φ、ω、κ。这种解算方法是以单张像片为基础，也称为单像空间后方交会。

单像空间后方交会的数学模型是共线方程，即中心投影的构像方程式：

$$\left. \begin{aligned} x = -f\frac{a_1(X-X_S)+b_1(Y-Y_S)+c_1(Z-Z_S)}{a_3(X-X_S)+b_3(Y-Y_S)+c_3(Z-Z_S)} \\ y = -f\frac{a_2(X-X_S)+b_2(Y-Y_S)+c_2(Z-Z_S)}{a_3(X-X_S)+b_3(Y-Y_S)+c_3(Z-Z_S)} \end{aligned} \right\} \tag{5-1}$$

由于共线方程是非线性函数，为了便于计算机计算，需要将非线性函数用泰勒级数展开呈线性形式，常把这一数学处理过程称为线性化。线性化处理在解析摄影测量中经常用到。

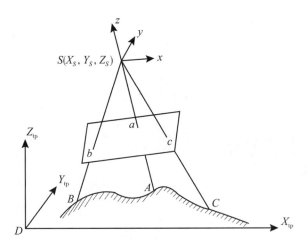

图 5-9　单像空间后方交会

将式(5-1)的共线方程线性化，并取一次小值项得：

$$x = (x) + \frac{\partial x}{\partial X_S}dX_S + \frac{\partial x}{\partial Y_S}dY_S + \frac{\partial x}{\partial Z_S}dZ_S + \frac{\partial x}{\partial \varphi}d\varphi + \frac{\partial x}{\partial \omega}d\omega + \frac{\partial x}{\partial \kappa}d\kappa$$

$$y = (y) + \frac{\partial y}{\partial X_S}dX_S + \frac{\partial y}{\partial Y_S}dY_S + \frac{\partial y}{\partial Z}dZ + \frac{\partial y}{\partial \varphi}d\varphi + \frac{\partial y}{\partial \omega}d\omega + \frac{\partial y}{\partial \kappa}d\kappa \tag{5-2}$$

式中，(x)、(y)为函数的近似值，是将外方位元素的初始值 X_{S_0}、Y_{S_0}、S_{S_0}、φ_0、ω_0、κ_0 代入共线方程中所取得的数值；dX_S、dY_S、dZ_S、$d\varphi$、$d\omega$、$d\kappa$ 为外方位元素近似值的改正数；$\frac{\partial x}{\partial X_S}$,…,$\frac{\partial y}{\partial \kappa}$ 为函数的偏导数，是外方位元素改正数的系数。

对于每个已知控制点，把像点坐标 x、y 和对应地面点地面摄影测量坐标 X、Y、Z 代入式(5-2)，可列出两个方程式。若像片内有 3 个已知地面控制点，就能列出 6 个方程式，求出 6 个外方位元素改正数。由于式(5-2)中系数仅取至泰勒级数展开式的一次项，未知数的近似值改正数是粗略的，所以计算时必须采用逐渐趋近法，解求过程要反复趋近，直至改正值小于某一限值为止。

由此可见，后方交会时至少需要 3 个控制点才能解算出 6 个外方位元素。实际应用中，为了避免粗差，应布设多余检查点，因此一般需要 4~6 个控制点。同时，为了有效地控制整张像片，要求控制点应均匀分布于像片边缘，如图 5-10 所示。

单像空间后方交会的计算步骤如下：

(1)获取已知数据。从摄影资料中查取摄影比例尺 $1/m$、平均航高、内方位元素 $(x_0，y_0，f)$，从外业测量成果中获取控制点的地面测量坐标$(X_t，Y_t，Z_t)$，并转换为地面摄影测量坐标$(X_{tp}，Y_{tp}，Z_{tp})$。

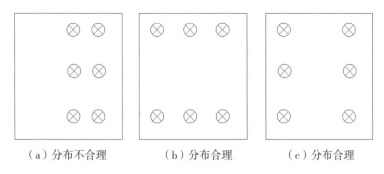

（a）分布不合理　　　　　　（b）分布合理　　　　　　（c）分布合理

图 5-10　控制点分布示意图

（2）量测控制点的像点坐标。利用坐标量测仪器量测控制点的框标坐标，并经像主点坐标改正，得到以像主点为原点的像平面坐标$(x,\ y)$。

（3）确定未知数的初始值。单向空间后方交会必须给出待定参数的初始值，在竖直摄影且地面控制点大致呈对称分布情况下，可按如下公式确定初始值：

$$Z_S^0 = H = mf,\ \ X_S^0 = \frac{1}{n}\sum_{i=1}^{n} X_{tp_i},\ \ Y_S^0 = \frac{1}{n}\sum_{i=1}^{n} Y_{tp_i},\ \ \varphi^0 = \omega^0 = \kappa^0 = 0 \qquad (5\text{-}3)$$

（4）求解外方位元素。先解求出外方位元素的改正数，初始值加上改正数便得到新的近似值；反复用前次迭代取得的近似值，加本次迭代取得的改正数，得到外方位元素的新值；当外方位元素的改正数小于规定的限差时，则终止计算，从而求得像片的外方位元素；若大于限差，则用未知数的新值作为近似值，重复计算，直到满足要求为止。

5.2.2　立体像对前方交会

利用单张像片空间后方交会可以求得像片的外方位元素，但要利用单张像片反求相应地面点的坐标仍然是不可能的，因为这是一个二维推导三维的过程，不能得到唯一的解。根据像片的外方位元素和像片上某一像点的坐标，仅能确定像片的空间方位和相应地面点的空间方向。而利用立体像对上的同名像点，能得到两条同名射线在空间的方向以及它们的交点，该交点就是地面点的空间位置。所以，立体像对的空间前方交会是指利用立体像对中两张像片的内、外方位元素和像点坐标计算对应物点三维坐标的方法。

空间前方交会一般是在空间后方交会的基础上，或者说在已知立体像对两张像片的内、外方位元素的基础上才能进行。前方交会计算出的模型点坐标一般在像空间辅助坐标系中，所以还要通过绝对定向或者坐标系的转换才能获得最终的地面测量坐标。

如图 5-11 所示，若在S_1、S_2两个摄站点对地面点A摄影，A在该像对的左右像片上构象为$a_1(x_1,\ y_1)$、$a_2(x_2,\ y_2)$，则同名射线S_1a_1和S_2a_2必交于地面A点。即利用立体像对就可以从 4 个已知数据（这里指 x_1、y_1、x_2、y_2）确定 A 点三维坐标参数 (X, Y, Z)，且存在 1 个多余条件。

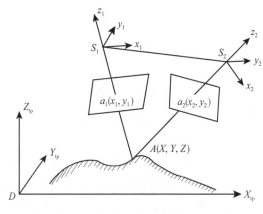

图 5-11　立体像对空间前方交会

影响空间前方交会精度的主要因素包括：

（1）空间前方交会各像片间以及它们与未知点间的几何构型，包括像片的张数及其布局交会角等；

（2）像点坐标的质量，对于数字影像来说，主要指识别同名点的匹配精度，每个像点的定位误差；

（3）镜头的光学畸变差改正和影像变形误差改正等；

（4）每张像片外方位元素的测定精度；

（5）内方位元素的精度。

5.2.3　影像交会操作方法

单像空间后方交会与立体像对空间前方交会求解地面点坐标的步骤如下：

（1）获取控制点。在一个像对重叠范围的 4 个角上找出 4 个明显地物点，准确在像片上标出各点位置，然后采用一定测量方法得到 4 个地面控制点的地面坐标 $(X、Y、Z)$。

（2）量测像点坐标。包括所有地面控制点和需要确定地面坐标的像点。

（3）利用单张像片空间后方交会，确定左、右两张像片的外方位元素：X_{S_1}、Y_{S_1}、Z_{S_1}、φ_1、ω_1、κ_1 和 X_{S_2}、Y_{S_2}、Z_{S_2}、φ_2、ω_2、κ_2。

（4）利用各像片外方位元素中的角元素求出左、右像片各自的旋转矩阵，用线元素计算摄影基线 B 的 3 个分量 B_X、B_Y、B_Z，然后利用立体像对的空间前方交会法逐点计算各点的像空间辅助坐标、地面测量坐标。

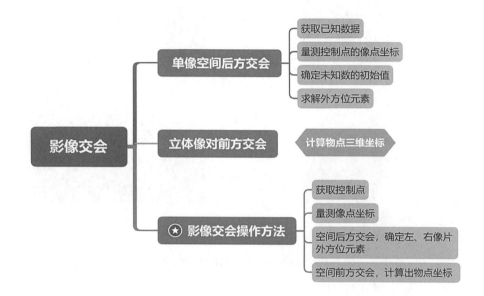

任务 5.3   影像定向

影像定向操作是摄影测量的重要步骤，一般包括内定向、相对定向和绝对定向。目前，数字摄影测量系统基本可以实现自动内定向和自动相对定向，绝对定向还是需要依赖外业控制点坐标的获取、人工转刺，没有实现全自动。

5.3.1   影像内定向

▶ 内定向

确定或恢复影像内方位元素的作业过程，称为影像内定向(Interior Orientation)。影像内定向目的是为了恢复影像摄影时的光束形状。

如图 5-12 所示，内定向问题需要借助影像的框标来解决。为了进行内定向，必须量测影像上框标点坐标，然后根据量测相机检定结果所提供的框标理论坐标，用解析计算方法进行内定向，从而获得所量测各点的影像坐标。

如果量测的框标坐标为 (x', y')，并已知它们的理论影像坐标为 (x, y)，则可在内定向过程中将量测坐标归算到像平面坐标，也可部分地改正底片变形误差与光学畸变差。

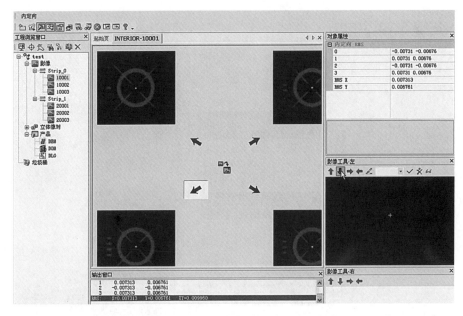

图 5-12　MapMatrix 软件中影像内定向操作

内定向通常采用多项式变换公式，用矩阵表示的一般形式为：

$$x = Ax' + t \tag{5-4}$$

式中，x' 为量测的像点坐标或扫描坐标；x 为变换后的像点坐标；A 为变换矩阵；t 为变换参数。常用的多项式变换公式有：

（1）线性正形变换公式（4 个参数）：

$$\left. \begin{array}{l} x = a_0 + a_1x' - a_2y' \\ y = b_0 + a_2x' + a_1y' \end{array} \right\} \tag{5-5}$$

（2）仿射变换公式（6 个参数）：

$$\left. \begin{array}{l} x = a_0 + a_1x' + a_2y' \\ y = b_0 + b_1x' + b_2y' \end{array} \right\} \tag{5-6}$$

（3）双线性变换公式（8 个参数）：

$$\left. \begin{array}{l} x = a_0 + a_1x' + a_2y' + a_3x'y' \\ y = b_0 + b_1x' + b_2y' + b_3x'y' \end{array} \right\} \tag{5-7}$$

（4）投影变换公式（8 个参数）：

$$\left. \begin{array}{l} x = a_0 + a_1x' + a_2y' + a_3x'^2 + b_3x'y' \\ y = b_0 + b_1x' + b_2y' + a_3x'y' + b_3y'^2 \end{array} \right\} \tag{5-8}$$

在实际作业中，若仅量测 3 个框标，则采用线性正形变换；若量测了 4 个框标，则用仿射变换；只有量测了 8 个框标时，才宜用双线性变换和投影变换进行内定向。

▶相对定向

5.3.2　像对相对定向

　　相对定向(Relative Orientation)是指恢复或确定两张像片在摄影时的相对关系，即解算立体像对相对方位元素的工作，恢复两光束间相对方位的工作，理论依据是同名光线共面的原则。完成像对的相对定向，即可以认为已获得自由比例尺和处于空间任意位置的几何模型，此时的模型可能是倾斜的。

　　确定一个立体像对两张像片相对位置关系所需要的元素，叫做相对定向元素。一个像对的相对定向元素共有 5 个，它们随着所选取的像空间辅助坐标系的不同，通常有两种不同的表达形式：

　　(1)单独像对相对定向，指将摄影基线固定水平，用像对 2 个光线束的 5 个角旋转值表示。

　　(2)连续像对相对定向，指将左像片置平或位置固定不动，用另一张像片的 2 个直线移动值和 3 个角旋转值表示。

1.　单独像对的相对定向

　　以立体像对中左像片的摄站中心 S_1 为像空间辅助坐标系原点，Z 轴在左像片的主核面内，摄影基线 B 为 X 轴，Y 轴垂直于该面，构成右手直角坐标系，左像片的主光轴 S_1o_1 与摄影基线 B 组成左主核面，如图 5-13 所示，建立像空间辅助坐标系。

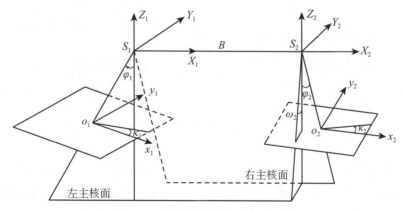

图 5-13　单独像对的相对定向元素

　　此时，左、右像片的相对方位元素为：

左像片　　　　　　　　$X_{S_1} = Y_{S_1} = Z_{S_1} = 0；\quad \varphi_1，\omega_1 = 0，\kappa_1$

右像片 $\qquad X_{S_2} = B_X$，$Y_{S_2} = B_Y = 0$，$Z_{S_2} = B_Z = 0$； φ_2，ω_2，κ_2

所以，单独像对相对定向元素为：φ_1、κ_1、φ_2、ω_2、κ_2。

2. 连续像对的相对定向

把立体像对中的左像片平面当作一个假定的水平面，求右像片相对于左像片的相对方位。也就是说以左片的像空间坐标系 $S_1 - x_1 y_1 z_1$ 为参照基准。

如图 5-14 所示，坐标原点取在左像片的摄站中心 S_1 上，以左片的像空间坐标系作为本像对的像空间辅助坐标系标 $S_1 - X_1 Y_1 Z_1$，即坐标轴与左片的像空间辅助坐标系重合，则左片的像空间辅助坐标系的外方位元素全部为零。右像片相对于左像片的相对方位元素，就是右像片在像空间辅助坐标系中的相对方位元素，两像片外方位元素的相对差为：

$$B_X = X_{S_2} - X_{S_1}，B_Y = Y_{S_2} - Y_{S_1}，B_Z = Z_{S_2} - Z_{S_1}$$
$$\Delta\varphi = \varphi_2 - \varphi_1 = \varphi_2，\Delta\omega = \omega_2 - \omega_1 = \omega_2，\Delta\kappa = \kappa_2 - \kappa_1 = \kappa_2$$

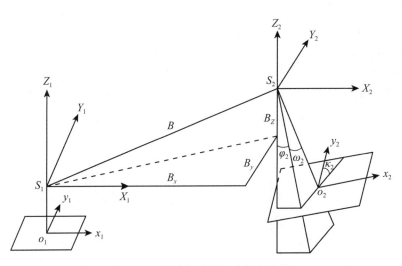

图 5-14　连续像对的相对定向元素

式中，B_X 只影响相对定向后建立模型的大小，不影响模型的建立。因而，相对定向需要恢复或解求的相对定向元素仅有 5 个，即 B_Y、B_Z、$\Delta\varphi$、$\Delta\omega$、$\Delta\kappa$，也就是连续相对定向的 5 个相对定向元素。

此种相对定向模型建立的特点：在相对定向过程中，像片对中的左片方位始终保持不变，而右片只相对于左片作 5 个相对运动，即固定一张像片，另一像片只需移动和旋转。软件操作参见图 5-15。

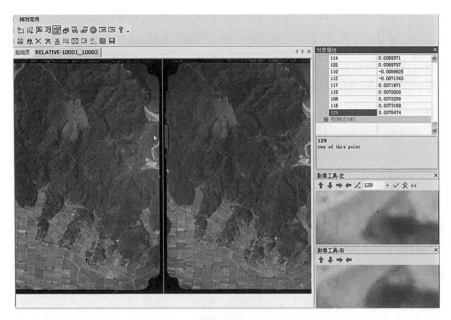

图 5-15 连续像对相对定向软件操作

5.3.3 像对绝对定向

▶ 绝对定向

如图 5-16 所示，相对定向恢复了摄影时像片之间的相对位置，建立了一个与实地相似的几何模型，但所建立的立体模型相对于地面的绝对位置并没有恢复。这个模型是在像空间辅助坐标系中建立，它在地面测量坐标系中的方位是任意的，而且模型比例尺也任意。要求出模型在地面测量坐标系中的绝对位置，就要把模型点在像空间辅助坐标系的坐标转化为地面摄影测量坐标，这项工作称为模型的绝对定向。模型的绝对定向必须根据地面控制点进行。

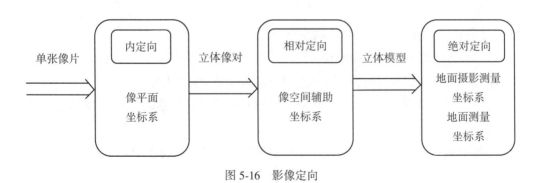

图 5-16 影像定向

用来确定立体模型在地面摄影测量坐标系中的正确方位和比例尺所需要的参数，叫做立体模型（立体像对）的绝对定向元素。一个立体像对有 12 个外方位元素，通过相对定向求得了 5 个定向元素，要恢复像对的绝对位置和方位，还要解求 7 个绝对定向元素（λ、X_S、Y_S、Z_S、Φ、Ω、K），也就是需要经过 3 个角度旋转、3 个坐标方向平移和 1 个比例尺缩放。其中：

λ—— 两坐系的单位长度比值，也就是模型的比例尺分母；

X_S、Y_S、Z_S—— 像空间辅助坐标系原点在地面摄影测量坐标系 $D\text{-}X_{tp}Y_{tp}Z_{tp}$ 中的坐标；

Φ—— 模型在 X 方向（航线方向）的倾斜角；

Ω—— 模型在 Y 方向（旁向）的倾斜角；

K—— 模型在 XY 平面内的旋转角。

上述 Φ、Ω、K 为像空间辅助坐标系相对于地面摄影测量坐标系 $D\text{-}X_{tp}Y_{tp}Z_{tp}$ 的 3 个旋转角。

地面测量坐标系是左手直角坐标系，而摄影测量的各种坐标系均为右手直角坐标系，为方便转换，一般先将大地测量得到的地面控制点坐标转换至过渡的地面摄影测量坐标系中，然后利用控制点将立体模型通过平移、旋转和缩放（即绝对定向）转换至地面摄影测量坐标系中，求得整个模型的地面摄影测量坐标，最后再将立体模型转换回地面测量坐标系。

5.3.4 相对定向-绝对定向解法

立体像对相对定向-绝对定向解法是把像对的 12 个外方位元素分成两组，其中 5 个外方位元素是两张像片相互位置和姿态的参数，即相对定向元素，解算出相对定向元素就可以构建任意一个立体模型；然后，对立体模型进行整体的绝对定向，恢复真正的外方位元素。

相对定向-绝对定向求解模型点的步骤如下：

(1)利用连续像对或单独像对相对定向元素的误差方程式解求像对的相对定向元素；

(2)利用前方交会求出模型点在像空间辅助坐标系中的坐标；

(3)根据已知地面控制点坐标，用绝对定向元素的误差方程式解求立体模型的绝对定向元素；

(4)按照绝对定向公式，将所求待定点的坐标纳入地面摄影测量坐标系中。

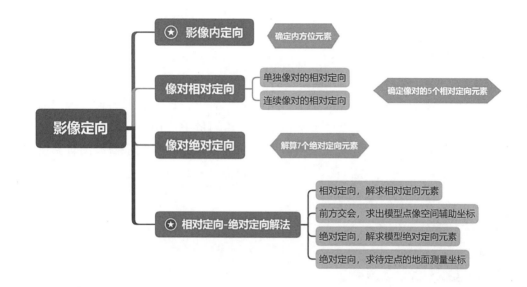

任务结构图

任务 5.4　光束法

前面学习了双像解析摄影测量的两种方法：后方交会-前方交会法和相对定向-绝对定向法。这两种方法计算待定点坐标都是至少分成两步：后方交会-前方交会法是先利用控制点进行后方交会，求出两张像片的外方位元素，然后再进行前方交会，得到待定点坐标；相对定向-绝对定向法是先利用立体像对内在的几何关系进行相对定向，然后再利用控制点进行绝对定向。

除了上述两种方法外，还有另一种方法，在立体像对内同时解求两像片的外方位元素和地面点的坐标，这种方法是把外方位元素和模型点坐标的计算放在一个整体内进行，称作光束法。光束法是利用一次平差就解算出待求点的地面摄影测量坐标，所以又称为一步定向法。光束法以共线方程作为数学模型，含有左、右像片的 12 个外方位元素，且每一个待定点引入 3 个空间坐标未知数，像点的像平面坐标观测值是有关未知数的非线性函数，经过线性化后按照最小二乘法原理进行计算。该算法过程简单、严密且精度较高，因为它利用原始观测数据（即像点坐标）来列误差方程式。

双像解析摄影测量可用三种方法的比较分析如下：

（1）后方交会-前方交会解法的结果依赖于后方交会的精度，前方交会中没有充分利用多余条件进行平差计算。

（2）相对定向-绝对定向解法计算公式比较多，最后的点位取决于相对定向和绝对定向的精度，该法更注重双像解析的几何意义，其解算结果不能严格表达一幅影像的外方位元素。

（3）光速法理论严密、求解精度最高，待定点坐标按最小二乘法原理求得，但计算量是三种方法中最大的。

基于以上分析，第一种方法在已知像片的外方位元素，需确定少量待定点坐标时采用；第二种方法多在航带法解析空中三角测量中应用，数字摄影测量一般像对处理往往采用此法；第三种方法在光束法解析空中三角测量中应用，一般数字空中三角测量需要高精度控制点加密也用光束法来建模。此三种方法均在数字摄影测量系统中得到应用。

工 匠 精 神

"天下大事，必作于细"，强调了做事要精益求精、追求极致，即使制作一颗螺丝钉，也应做到最好，这就是工匠精神的体现。工匠精神基本内涵包括：敬业、精益、专注和创新等，是各行各业都需要的一种职业精神，是职业道德、职业能力、职业品质的体现。

下面是两则测绘人员工作的心得。

"曾经的一次测量事故，令我终生难忘。河北省一条高速公路施工时，我在浇筑混凝土前对现场线位进行检测，误差不到1厘米，但在浇筑前监理工程师不同意，要求将模板全部拆除重新报验钢筋。等报验完成整个模板重新支立后，我觉得点位还在，施工人员自己检测一下就行（当时施工人员也未通知我进行复测），但当混凝土施工完成并交验时，才发现涵洞沿道路方向横向偏移了10厘米。我不知所措，觉得是自己责任心不强造成的事故，从那以后，不管什么情况下，我对任何一个点位都加倍小心，绝不放过任何可能造成误差的可能，钉的每一个木桩都要重新放样，并在桩顶钉一个小钉，把桩头用红油漆明显地标示。"

"在青岛发电厂从事构架放样点位时，由于结构正南正北，因此采用了单坐标值放样平面位置，当时的一个坐标值是×××333.033，我给放成了×××333.333，结果可想而知，幸亏当时施工队的赵工干活仔细，在用尺校核尺寸时发现尺寸有问题。我们第二天去校核，开始还是没有发现问题（人手少，还是我自己校核的），最后查上次的放样记录时才发现竟差了 30 厘米。幸亏发现得早，没有酿成大错，从这以后，我给自己定了一条规矩，就是测量时都留有实测数据记录，记录时要校核，回到办公室没事再翻翻，马虎思想要不得。"

测量工作者担负着重大责任，一次小小的失误造成的损失有时无法估量，干测量工作没有想当然，没有我认为，必须要有高度的责任心，避开一切主观因素，严格参照规范、执行操作流程，时刻谨记严谨认真、一丝不苟和实事求是，具备爱岗敬业、精益求精的工匠精神。

拓展与思考

(1) 像对立体观察时，应满足哪些条件？如何实现正立体观察？

(2) 单像空间后方交会的未知数有哪些？控制点的选择要求是什么？

(3) 立体像对空间前方交会的作用是什么？

(4) 阐述内定向、相对定向和绝对定向的含义。

项目 6
解析空中三角测量

☞ **项目导读**

用于立体测图的航摄像片必须要具有绝对位置信息，即明确航摄像片或像对的坐标系统。野外控制点测量时，只能获取摄区内有限控制点，对于模型建立、模型定向等来说，控制点数量远不够。解析空中三角测量就是利用有限的已知控制点通过模型处理，加密出足够数量的像片控制点，这是摄影测量内业必须完成的一个重要任务。

☞ **学习指南**

明白解析空中三角测量的意义，理解航带法、独立模型法和光束法的适用条件及其区别，清楚单模型法、单航带法和区域网法间的关系；掌握空三加密的基本流程，并具备用软件完成空三加密的基本技能。

任务 6.1 航带网法解析空中三角测量

在前续项目中，我们已知摄影测量作业时均需一定数量的地面控制点。例如，一张像片需要 4 个地面控制点进行空间后方交会，解求像片的外方位元素；一个立体像对模型绝对定向需要 4 个地面控制点，求出 7 个绝对定向元素，才能把经相对定向建立的任意模型纳入地面摄影测量坐标系中。所需的这些大量地面控制点若全部由外业测定，外业工作量将会很大。摄影测量任务就是最大限度地减少外业工作，因此，提出了"解析空中三角测量"，它可将空中摄站及像片放到整个网中，起到点的传递和构网作用。

以像片上量测的像点坐标为依据，采用较严密的数学模型，按最小二乘法原理，用少量地面控制点为平差条件，求出未知点的地面测量坐标，使得已知点增加到每个模型不少于 4 个，然后利用这些已知点求解影像的外方位元素，这就是解析空中三角测量，也称为摄影测量加密或解析空三加密。这些由像片点解求的地面控制点，称为空三加密点。

解析空中三角测量(或空三加密)点坐标的意义：不需要直接触及被量测的目标或物体，凡是在影像上可以看到的目标，不受地面通视条件限制，均可测定其位置和几何形状；可快速在大范围同时进行点位测定，从而节省大量的野外测量工作量；摄影测量平差计算时，加密区域内部精度均匀，且很少受区域大小的影响。

按照平差中采用的数学模型，解析空中三角测量可分为航带法、独立模型法和光束法。航带法是通过相对定向和模型连接首先建立自由航带，以点在该航带中的摄影测量坐标为观测值，通过非线性多项式中变换参数的确定，将自由航带纳入所要求的地面坐标系，并使公共点坐标的误差平方和最小。独立模型法是先通过相对定向建立起单元模型，以模型点坐标为观测值，通过单元模型在空间的相似变换，使之纳入规定的地面坐标系，并使模型连接点上残差的平方和最小。光束法是直接由每幅影像的光线束出发，以像点坐标为观测值，通过每个光束在三维空间的平移和旋转，使同名光线在物方最佳地交会在一起，并使之纳入规定的坐标系，从而加密出待求点的物方坐标和影像的方位元素。

根据平差范围的大小，解析空中三角测量还可以分为单模型法、单航带法和区域网法。单模型法是在单个立体像对中加密大量的点或用解析法高精度地测定目标点的坐标。单航带法是以一条航带构成的区域为加密单元进行解算。区域网法是对由若干条航带组成的区域进行整体平差。

6.1.1　航带网法解析空中三角测量概述

▶制作航带

航带网法解析空中三角测量研究对象是一条航带模型。在一条航带内，首先用立体像对按连续法建立单个模型，再把单个模型连接成航带模型，构成航带自由网，然后再把航带模型视为一个单元模型进行航带网的绝对定向。在单个模型构成航带模型的过程中，由于各单个模型偶然误差和残余系统误差将传播到下一模型中，这些误差传递累积的结果会使航带模型产生扭曲变形，因此，航带模型绝对定向后还需要进一步进行非线性改正，最终求出加密点的地面坐标。这便是航带网法空中三角测量的基本思想。

6.1.2　航带网法建网过程

1. 建立航带模型

1）像点坐标量测及系统误差改正

量测每个像对事先选定好的加密点及控制点的像平面坐标，并对其进行系统误差改正。

2）连续法相对定向，建立单个立体模型

建立航带模型实际上就是求各模型点在统一的航带像空间辅助坐标系中的坐标。通常以航线首张像片的空间坐标系作为航带像空间辅助坐标系，如果像对从左向右编号，第一个像对的左片相对于统一航带空间辅助坐标系的角元素为零；经像对的相对定向求出的本像对右片的相对定向角元素 φ_2、ω_2、κ_2，即为下一个像对左片的已知角元素。

3) 模型连接，建立统一的航带自由网

相对定向后，各立体模型的像空间辅助坐标系相互平行，但坐标原点和比例尺不同。为了建立航带模型将各像对模型归化到统一比例尺的过程，称为模型连接或模型比例尺归化。

模型连接就是利用相邻重叠区域的公共点，比较它们在 Z 方向的坐标来求解模型归化比例尺。如图 6-1 所示，①、②表示模型的编号，模型①中 2、4、6 与模型②中 1、3、5 是同名点。如果前后两个模型比例尺一致，则点 1 在模型②中的高程与点 2 在模型①中的高程（分别以各自的左摄站点为原点）有以下关系：

$$Z_1^{②} = Z_2^{①} - B_{Z_1} \tag{6-1}$$

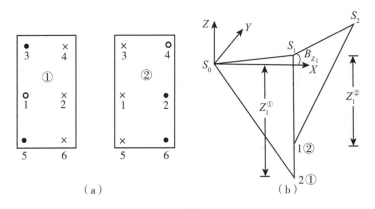

图 6-1　模型连接

当比例尺不同时，两者不相等。定义两者之比为比例归化系数 k：

$$k = \frac{Z_2^{①} - B_{Z_1}}{Z_1^{②}} \tag{6-2}$$

式中，$Z_2^{①}$ 为模型①中的 2 点的坐标，$Z_1^{②}$ 为模型②中的 1 点的坐标，B_{Z_1} 为在模型①中求得的相对定向元素 B_Z。

为了提高模型连接精度，一般作业常取重叠区域内上、中、下 3 个公共点求模型比例归化系数 k。求得 k 之后，后一模型每个点的像空间辅助坐标以及基线分量乘以 k，就可得到与前一模型比例尺一致的坐标。由此可见，模型连接的实质就是求出相邻模型间的比例归化系数。此时，应注意各模型的比例尺虽然一致，但各模型的像空间辅助坐标系并未统一，因为各模型坐标系的原点不一致。

在求出单个模型的摄影测量坐标后，需将其连接成一个整体的航带模型，也就是将航带中所有摄站点、模型点的坐标都纳入全航带统一的摄影测量坐标系中，一般为第一幅影像所在的像空间辅助坐标系，以构成自由航带网。

那么，如何求出自由航带网中任一模型里任一点的摄影测量坐标？

第一个模型中左摄站点的摄影测量坐标为：

$$X_{PS_0} = Y_{PS_0} = 0, \qquad Z_{PS_0} = mf \tag{6-3}$$

第一个模型中右摄站点的摄影测量坐标为：

$$X_{PS_1} = mB_{x_1}, \qquad Y_{PS_1} = mB_{y_1}, \qquad Z_{PS_1} = mB_{z_1} + mf \tag{6-4}$$

第一个模型中任意一模型点的摄影测量坐标为：

$$\left.\begin{aligned}
X_{PA} &= X_{PS_0} + m \cdot N_1 X_1 = m \cdot N_1 X_1 \\
Y_{PA} &= \frac{1}{2}(Y_{PS_0} + m \cdot N_1 Y_1 + Y_{PS_1} + m \cdot N_2 Y_2) \\
&= \frac{1}{2}(m \cdot N_1 Y_1 + m \cdot N_2 Y_2 + m \cdot B_{y_1}) \\
Z_{PA} &= Z_{PS_0} + m \cdot N_1 Z_1 = mf + m \cdot N_1 Z_1
\end{aligned}\right\} \tag{6-5}$$

第二个模型及以后各模型的摄站点的摄影测量坐标为：

$$\left.\begin{aligned}
X_{PS_2} &= X_{PS_1} + k_2 \cdot m \cdot B_{x_2} \\
Y_{PS_2} &= Y_{PS_1} + k_2 \cdot m \cdot B_{y_2} \\
Z_{PS_2} &= Z_{PS_1} + k_2 \cdot m \cdot B_{z_2}
\end{aligned}\right\} \tag{6-6}$$

第二个模型及以后各模型的模型点的摄影测量坐标：

$$\left.\begin{aligned}
X_{P_2} &= X_{PS_1} + k_2 \cdot m \cdot N_1 X_1 \\
Y_{P_2} &= \frac{1}{2}(Y_{PS_1} + k_2 \cdot m \cdot N_1 Y_1 + Y_{PS_2} + k_2 \cdot m \cdot N_2 Y_2) \\
Z_{P_2} &= Z_{PS_2} + k_2 \cdot m \cdot N_1 Z_1
\end{aligned}\right\} \tag{6-7}$$

式中，各模型左摄站的坐标，如式(6-6)、式(6-7) 中的 X_{PS_1}、Y_{PS_1}、Z_{PS_1} 为本像对左站的坐标值，由前一个模型求得；B_{y_2}、B_{z_2} 均为本像对求得的相对定向元素，B_{x_2} 由本像对 2 点的左右时差 P_2 代替；X_1、Y_1、Z_1 为左像点的像空间辅助坐标；X_2、Y_2、Z_2 为右像点的像空间辅助坐标；N_1、N_2 为点投影系数，m 为第一个模型比例尺分母。

2. 航带模型绝对定向

自由航带模型的绝对位置及比例尺不确定，因此，需要根据已知地面控制点确定航带模型在地面坐标系中的正确位置和比例尺，把待定点的摄影测量坐标转换为地面摄影测量坐标(不同于地面测量坐标)，这一过程称为绝对定向。航带网的绝对定向与单模型绝对定向完全相同，也需要确定 7 个参数，即 λ、X、Y、Z、Φ、Ω、K，只不过现在把航带模型当做整体进行处理。主要过程如下：

（1）转换控制点的地面测量坐标为地面摄影测量坐标。

在绝对定向之前，必须将地面测量坐标转换至地面摄影测量坐标，以保证绝对定向元素求解时角元素为小角值，适于使用线性化公式进行解算。地面测量坐标向地面摄影测量坐标的转换，称为坐标正变换。

（2）计算重心坐标和重心化坐标。

选择不在一条直线上，跨度尽量大的足够数量控制点（至少2个平高控制点，1个高程控制点）作为绝对定向点，利用这些定向点计算地面摄影测量坐标和摄影测量坐标的重心化坐标。

（3）建立绝对定向误差方程，求解法方程。

利用控制点的重心化坐标列出误差方程及相应的法方程，通过迭代计算求出7个绝对定向元素。

（4）计算绝对定向后坐标。

仿照单元模型绝对定向的方法，利用空间相似变换即可计算得到绝对定向后的坐标。

3. 航带模型非线性改正

1）航带模型的误差传播

航带模型构建过程中存在着误差，主要是系统误差和偶然误差。系统误差在像点坐标预处理时已得到改正，但并不彻底，存在残余系统误差，如摄影材料的局部变形、摄影机物镜的非对称畸变差、仪器误差等，它们将导致航带模型变形。在量测像点坐标时，观测过程存在偶然误差，使得建立的立体模型也产生变形。各个立体模型中偶然误差和残余系统误差都将传递到下一个立体模型，在模型连接构网过程中，将致使航带模型产生扭曲变形，所以航带模型经绝对定向后必须进行非线性改正。

2）航带模型多项式改正

实际上，航带模型变形非常复杂，不能用一个简单数学公式精确表达，通常采用多项式曲面逼近复杂的变形曲面，通过最小二乘法拟合，使控制点处拟合曲面上的变形值与实际相差最小。常采用的多项式：一种是对 X、Y、Z 坐标分别列出多项式，另外一种是平面坐标采用正形变换多项式、高程采用一般多项式。

（1）一般多项式改正航带网非线性变形。非线性变形改正需要具有一定数量、分布合理的控制点。设经绝对定向后，控制点的重心化概略坐标为 $\bar{X}$、$\bar{Y}$、$\bar{Z}$，相应点的重心化地面摄影测量坐标为 $\bar{X}_{tp}$、$\bar{Y}_{tp}$、$\bar{Z}_{tp}$。由于存在误差，应对 $\bar{X}$、$\bar{Y}$、$\bar{Z}$ 加入改正数：

$$\left.\begin{array}{l} \bar{X}_{tp} = \bar{X} + V_X + \Delta X \\[2mm] \bar{Y}_{tp} = \bar{Y} + V_Y + \Delta Y \\[2mm] \bar{Z}_{tp} = \bar{Z} + V_Z + \Delta Z \end{array}\right\} \tag{6-8}$$

式中，V 表示偶然误差。

以三次非完全多项式为例，非线性变形的改正公式为：

$$\left. \begin{aligned} \Delta X &= A_0 + A_1 \bar{X} + A_2 \bar{Y} + A_3 \bar{X}^2 + A_4 \bar{X}\bar{Y} + A_5 \bar{X}^3 + A_6 \bar{X}^2 \bar{Y} \\ \Delta Y &= B_0 + B_1 \bar{X} + B_2 \bar{Y} + B_3 \bar{X}^2 + B_4 \bar{X}\bar{Y} + B_5 \bar{X}^3 + B_6 \bar{X}^2 \bar{Y} \\ \Delta Z &= C_0 + C_1 \bar{X} + C_2 \bar{Y} + C_3 \bar{X}^2 + C_4 \bar{X}\bar{Y} + C_5 \bar{X}^3 + C_6 \bar{X}^2 \bar{Y} \end{aligned} \right\} \tag{6-9}$$

式中，共有 21 个系数，则至少需要 7 个平高控制点。当航带内的控制点数量较少或航线长度较短时，一般采用二次多项式，此时需要略去式(6-9)中右端的三次项，即二次多项式的待定系数有 15 个，至少需要 5 个平高控制点。

由于实际均有多余控制点，因此用最小二乘解求多项式中的系数，误差方程式为：

$$\left. \begin{aligned} -V_X &= A_0 + A_1 \bar{X} + A_2 \bar{Y} + A_3 \bar{X}^2 + A_4 \bar{X}\bar{Y} + A_5 \bar{X}^3 + A_6 \bar{X}^2 \bar{Y} - (\bar{X}_{tp} - \bar{X}) \\ -V_Y &= B_0 + B_1 \bar{X} + B_2 \bar{Y} + B_3 \bar{X}^2 + B_4 \bar{X}\bar{Y} + B_5 \bar{X}^3 + B_6 \bar{X}^2 \bar{Y} - (\bar{Y}_{tp} - \bar{Y}) \\ -V_Z &= C_0 + C_1 \bar{X} + C_2 \bar{Y} + C_3 \bar{X}^2 + C_4 \bar{X}\bar{Y} + C_5 \bar{X}^3 + C_6 \bar{X}^2 \bar{Y} - (\bar{Z}_{tp} - \bar{Z}) \end{aligned} \right\} \tag{6-10}$$

将控制点代入求得系数后，按下式求得经非线性改正后的坐标：

$$\left. \begin{aligned} X_{tp} &= X_{tpg} + \bar{X} + A_0 + A_1 \bar{X} + A_2 \bar{Y} + A_3 \bar{X}^2 + A_4 \bar{X}\bar{Y} + A_5 \bar{X}^3 + A_6 \bar{X}^2 \bar{Y} \\ Y_{tp} &= Y_{tpg} + \bar{Y} + B_0 + B_1 \bar{X} + B_2 \bar{Y} + B_3 \bar{X}^2 + B_4 \bar{X}\bar{Y} + B_5 \bar{X}^3 + B_6 \bar{X}^2 \bar{Y} \\ Z_{tp} &= Z_{tpg} + \bar{Z} + C_0 + C_1 \bar{X} + C_2 \bar{Y} + C_3 \bar{X}^2 + C_4 \bar{X}\bar{Y} + C_5 \bar{X}^3 + C_6 \bar{X}^2 \bar{Y} \end{aligned} \right\} \tag{6-11}$$

式中，X_{tpg}、Y_{tpg}、Z_{tpg} 为地面摄影测量坐标系重心化的坐标。

（2）平面正形变换多项式改正航带网非线性变形公式。不完整的三次正形多项式为：

$$\left. \begin{aligned} S_X &= A_1 + A_3 \bar{X} - A_4 \bar{Y} + A_5 \bar{X}^2 - 2A_6 \bar{X}\bar{Y} + A_7 \bar{X}^3 - 3A_8 \bar{X}^2 \bar{Y} \\ S_Y &= A_2 + A_4 \bar{X} + A_3 \bar{Y} + A_6 \bar{X}^2 + 2A_5 \bar{X}\bar{Y} + A_8 \bar{X}^3 + 3A_7 \bar{X}^2 \bar{Y} \end{aligned} \right\} \tag{6-12}$$

上式中除去后两项即为二次正形多项式。同理，误差方程式为：

$$\left. \begin{aligned} -V_X &= A_1 + A_3 \bar{X} - A_4 \bar{Y} + A_5 \bar{X}^2 - 2A_6 \bar{X}\bar{Y} + A_7 \bar{X}^3 - 3A_8 \bar{X}^2 \bar{Y} - (\bar{X}_{tp} - \bar{X}) \\ -V_Y &= A_2 + A_4 \bar{X} + A_3 \bar{Y} + A_6 \bar{X}^2 + 2A_5 \bar{X}\bar{Y} + A_8 \bar{X}^3 + 3A_7 \bar{X}^2 \bar{Y} - (\bar{Y}_{tp} - \bar{Y}) \end{aligned} \right\} \tag{6-13}$$

对于高程改正仍用一般多项式中的 Z 项即可。

将控制点坐标代入，即可求出非线性变形系数，然后按下式求得经非线性改正后的坐标：

$$X_{tp} = X_{tpg} + \overline{X} + A_1 + A_3\overline{X} - A_4\overline{Y} + A_5\overline{X}^2 - 2A_6\overline{X}\,\overline{Y} + A_7\overline{X}^3 - 3A_8\overline{X}^2\overline{Y}$$

$$Y_{tp} = Y_{tpg} + \overline{Y} + A_2 + A_4\overline{X} + A_3\overline{Y} + A_6\overline{X}^2 + 2A_5\overline{X}\,\overline{Y} + A_8\overline{X}^3 + 3A_7\overline{X}^2\overline{Y}$$ (6-14)

$$Z_{tp} = Z_{tpg} + \overline{Z} + C_0 + C_1\overline{X} + C_2\overline{Y} + C_3\overline{X}^2 + C_4\overline{X}\,\overline{Y} + C_5\overline{X}^3 + C_6\overline{X}^2\overline{Y}$$

航带网整体平差的实质是以一条航带模型为平差单元，解求航带的非线性改正系数，即多项式系数。

6.1.3　航带网法区域网平差

航带网法区域网平差（如图 6-2 所示）是以单航带为基础，把几条航带或一个测区作为一个解算的整体，同时求得整个测区内全部待定点的坐标。其主要步骤如下：

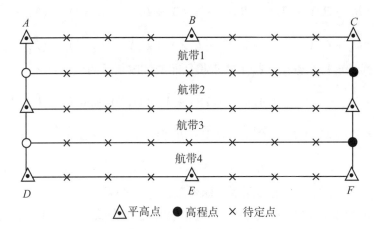

图 6-2　航带法区域网空中三角测量示意图

1. 建立自由比例尺的单航带网

按照单航带方法，每条航带构成自由网，取得各航带模型点在本航带统一的辅助坐标系中的中标。

2. 航带模型绝对定向及建立区域网

用本航带的控制点及上一条相邻航带的公共点为依据，进行本航带的三维坐标变换，把整个测区内的各航带都纳入统一的摄影测量坐标系中，解算出模型点在区域网中的坐标。

具体拼网过程为：

(1)首先选定地面上一已知控制点(一般选在首条航带的航带端头)作为地面摄测坐标系的坐标原点。然后将全区所有已知控制点的坐标都化为以该点为坐标原点的坐标值。再利用区域中首条航带两端的已知平面控制点，将全区中所有已知控制点的地面测量坐标变换为地面摄影测量坐标。

(2)利用区域中第一条航带内的已知野外控制点，对第一条自由航带网作空间相似变换，求出第一条航带中各模型点在地面摄影测量坐标系中的概值。

(3)依次对以后各航带进行空间相似变换，这时需要利用本航带内已知控制点和上一条航带与本航带的公共连接点作为已知控制点参加解算，求出空间相似变换参数。

3. 区域网整体平差

全区各航带网完成定向后，各航带的坐标都被纳入统一的地摄坐标系中，由于各航带网未进行非线性变形改正，其模型点坐标均为地摄概略坐标。整体平差时，利用模型点在各自航带网中的坐标进行。

航带网法区域网平差是根据航带网中控制点的内、外业坐标应相等，以及相邻航带间公共连接点上的坐标应相等为平差条件。假定采用二次多项式进行各航带的非线性改正，即

$$
\left.
\begin{aligned}
\Delta X &= A_0 + A_1 \bar{X} + A_2 \bar{Y} + A_3 \bar{X}^2 + A_4 \bar{X}\,\bar{Y} \\
\Delta Y &= B_0 + B_1 \bar{X} + B_2 \bar{Y} + B_3 \bar{X}^2 + B_4 \bar{X}\,\bar{Y} \\
\Delta Z &= C_0 + C_1 \bar{X} + C_2 \bar{Y} + C_3 \bar{X}^2 + C_4 \bar{X}\,\bar{Y}
\end{aligned}
\right\}
\tag{6-15}
$$

现以 X 坐标为例，说明误差方程式的建立。

对控制点，有(内、外业坐标相等)：

$$
\bar{X}_{tp} = \bar{X} + V_X + \Delta X
\tag{6-16}
$$

误差方程式为：

$$
- V_X = A_0 + A_1 \bar{X} + A_2 \bar{Y} + A_3 \bar{X}^2 + A_4 \bar{X}\,\bar{Y} - (\bar{X}_{tp} - \bar{X})
\tag{6-17}
$$

一条航带中有 n 个控制点，就能列出 n 个这样的误差方程式。

对相邻航带间的公共点有(相邻航带间公共连接点上的坐标应相等)：

$$
\bar{X}_j + X_{gj} + V_{Xj} + \Delta X_j = \bar{X}_{j+1} + X_{g(j+1)} + V_{X(j+1)} + \Delta X_{(j+1)}
\tag{6-18}
$$

误差方程式为：

$$
V_{X(j+1)} - V_{Xj} = \Delta X_j - \Delta X_{(j+1)} + (\bar{X}_j + X_{gj}) - (\bar{X}_{j+1} + X_{g(j+1)})
$$

$$= (A_{0j} + A_{1j}\bar{X}_j + A_{2j}\bar{Y}_j + A_{3j}\bar{X}_j{}^2 + A_{4j}\bar{X}_j\bar{Y}_j) - (A_{0(j+1)} + A_{1(j+1)}\bar{X}_{(j+1)}$$

$$+ A_{2(j+1)}\bar{Y}_{(j+1)} + A_{3(j+1)}\bar{X}_{(j+1)}{}^2 + A_{4(j+1)}\bar{X}_{(j+1)}\bar{Y}_{(j+1)}) + (\bar{X}_j + X_{gj})$$

$$- (\bar{X}_{j+1} + X_{g(j+1)}) \tag{6-19}$$

相邻航带中有 n 个公共点，就能列出 n 个这样的误差方程式。

假定控制点误差方程式的权为 1，则公共连接点误差方程式的权应为 0.5，因为它是两个观测量的较差。

4. 加密点的地面坐标计算

解求出各航带网的非线性变形改正系数后，按下式计算各航带网中加密点的地面摄影测量坐标：

$$\left.\begin{aligned}
X_{tp} &= X_{tpg} + \bar{X} + A_0 + A_1\bar{X} + A_2\bar{Y} + A_3\bar{X}^2 + A_4\bar{X}\bar{Y} \\
Y_{tp} &= Y_{tpg} + \bar{Y} + B_0 + B_1\bar{X} + B_2\bar{Y} + B_3\bar{X}^2 + B_4\bar{X}\bar{Y} \\
Z_{tp} &= Z_{tpg} + \bar{Z} + C_0 + C_1\bar{X} + C_2\bar{Y} + C_3\bar{X}^2 + C_4\bar{X}\bar{Y}
\end{aligned}\right\} \tag{6-20}$$

如果是单点，由式(6-20)即可求得该点的地面摄测坐标；若是相邻航带公共点，则取两相邻航带中的坐标平均值作为该点的地面摄影测量坐标。最后，将全区域所有加密点的地面摄影测量坐标变换为地面测量坐标。

任务结构图

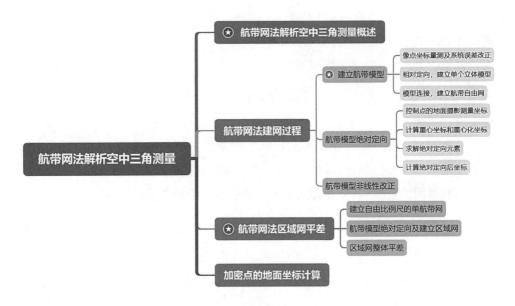

任务 6.2　独立模型法解析空中三角测量

6.2.1　独立模型法基本思想

如图 6-3 所示，独立模型法区域网空中三角测量的基本思想是把单元模型视为刚体，利用各单元模型间公共点彼此连接构成一个区域。在连接过程中，每个单元模型只能作平移、旋转、缩放，这可通过单元模型的空间相似变换完成。在变换中，要使模型间公共点的坐标尽可能一致，控制点的计算坐标应与其实测地面坐标尽可能一致(即它们的差值尽可能变小)，包括公共摄站点在内，同时观测值改正数的平方和为最小。在满足这些条件下，按最小二乘法原理，确定每一单元旋转、平移和缩放，即解求出每个模型的 7 个绝对定向参数，以取得单元模型在区域中的最或是位置，从而确定待定点的地面摄影测量坐标。

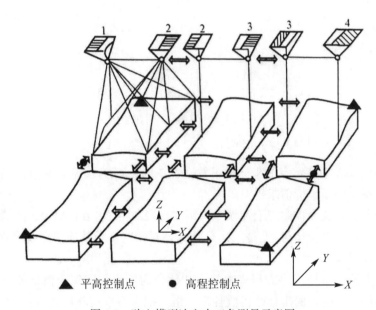

▲ 平高控制点　● 高程控制点

图 6-3　独立模型法空中三角测量示意图

6.2.2　独立模型法数学模型

单元模型建立后，需对每个模型各自进行空间相似变换：

$$\begin{bmatrix} X_{tp} \\ Y_{tp} \\ Z_{tp} \end{bmatrix}_{i,j} = \lambda R \begin{bmatrix} \bar{X} \\ \bar{Y} \\ \bar{Z} \end{bmatrix}_{i,j} + \begin{bmatrix} X_g \\ Y_g \\ Z_g \end{bmatrix}_j \tag{6-21}$$

式中，$\bar{X}$、$\bar{Y}$、$\bar{Z}$ 为单元模型中任一模型点的重心化坐标；$\bar{X}_{tp}$、$\bar{Y}_{tp}$、$\bar{Z}_{tp}$ 为地面摄影测量坐标；X_g、Y_g、Z_g 为该模型的重心在地面摄影测量坐标系中的坐标值；λ 为单元模型的缩放系数；R 为由模型绝对定向角元素构成的旋转矩阵；i 为模型点点号，j 为单元模型编号。

将式（6-21）线性化，列出误差方程式：

$$-\begin{bmatrix} V_X \\ V_Y \\ V_Z \end{bmatrix} = \begin{bmatrix} 1 & 0 & 0 & \bar{X} & -\bar{Z} & 0 & -\bar{Y} \\ 0 & 1 & 0 & \bar{Y} & 0 & -\bar{Z}_P & \bar{X} \\ 0 & 0 & 1 & \bar{Z} & \bar{X} & \bar{Y}_P & 0 \end{bmatrix}_{i,j} \begin{bmatrix} dX_g \\ dY_g \\ dZ_g \\ d\lambda \\ d\varphi \\ d\omega \\ d\kappa \end{bmatrix}_j - \begin{bmatrix} \Delta X \\ \Delta Y \\ \Delta Z \end{bmatrix}_{i,j} - \begin{bmatrix} l_X \\ l_Y \\ l_Z \end{bmatrix} \tag{6-22}$$

其中，

$$\begin{bmatrix} l_X \\ l_Y \\ l_Z \end{bmatrix}_{i,j} = \begin{bmatrix} X_0 \\ Y_0 \\ Z_0 \end{bmatrix}_i - \lambda_0 R_0 \begin{bmatrix} \bar{X} \\ \bar{Y} \\ \bar{Z} \end{bmatrix}_{i,j} - \begin{bmatrix} X_{g0} \\ Y_{g0} \\ Z_{g0} \end{bmatrix}_j \tag{6-23}$$

式中，ΔX、ΔY、ΔZ 为待定点的坐标改正数；X_0、Y_0、Z_0 为模型公共点的坐标均值，在迭代趋近中，每次用新坐标值求得。

对于控制点，若认为控制点上无误差，则式（6-22）中的 $[\Delta X \ \Delta Y \ \Delta Z]^T$ 为零，并且常数中 $[X_0 \ Y_0 \ Z_0]^T$ 用控制点坐标 $[X_{tp} \ Y_{tp} \ Z_{tp}]^T$ 代入。对每一个公共连接点或控制点可列出上述一组误差方程式。

为了计算方便，常把误差方程式中的未知数分为两组，即每个模型的 7 个绝对定向参数改正数和待定点的地面坐标改正数各为一组。把它写成矩阵形式为：

对于公共点：　　　　　　　$-V = At + BX - L$ \hfill (6-24)

对于控制点：　　　　　　　$-V = At + 0 - L$ \hfill (6-25)

式中，t 为模型绝对定向参数未知数个数，X 为待定点的坐标改正数。

通过解算改化法方程式，就能得到全区域每个单元模型的 7 个绝对定向参数。然后利用求得的模型 7 个变换参数，求出各模型中待定点的地面摄影测量坐标。

独立模型法区域网空中三角测量的计算量很大，对于 4 条航线，每条航线 10 个模型，每个模型 6 个点的普通区域，法方程中模型定向未知数的个数 $t = 4 \times 10 \times 7 = 280$，未知数个数较多，因此，为了提高计算速度，可采用平面与高程分开求解的方法。

6.2.3　独立模型法作业流程

独立模型法区域网空中三角测量的作业主要流程为：

（1）采用单独像对相对定向方法建立单元模型，获得各单元模型的模型点坐标，包括摄影站点。

（2）利用相邻模型间的公共点和所在模型中的控制点，各单元模型分别作三维变换，按各自的条件列出误差方程式，并组成法方程式。

（3）建立全区域的改化法方程式，并按循环分块法求解，求出每个单元模型的 7 个参数。

（4）由已经求得的每个模型的 7 个参数，计算每个单元模型中待定点平差后的坐标，若为相邻模型的公共点，则取其平均值为最后结果。

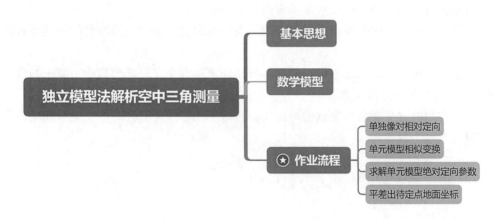

任务 6.3　光束法解析空中三角测量

6.3.1　光束法基本思想

光束法解析空中三角测量的基本思想是，以每张像片组成的一束摄影光线作为平差基本单元，以共线条件方程作为平差基础方程，通过各个光束在空中的旋转和平移，使模型之间公共点的光线实现最佳交会，并使整个区域最佳地纳入已知控制点的坐标系统。

所以，要建立全区域统一的误差方程，在全区域内进行平差计算，以求得每张像片的 6 个外方位元素和加密点地面坐标，如图 6-4 所示。

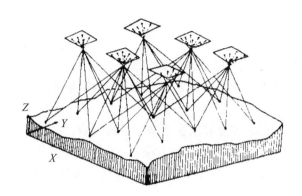

图 6-4　光束法区域网空中三角测量示意图

6.3.2　光束法主要内容

光束法解析空中三角测量的主要内容有：
(1)获取每张像片外方位元素及待定点坐标的近似值。
(2)从每张像片上的控制点、待定点的像点坐标出发，按每条摄影光线的共线条件列出误差方程。
(3)逐点法化建立改化法方程，按循环分块的求解方法，先求出其中一类未知数，通常先求每张像片的外方位元素。
(4)按空间前方交会求待定点的地面坐标，对于相邻像片的公共点，应取其均值作为最后结果。

6.3.3　建立误差方程和法方程

同单张像片空间后方交会一样，光束法区域网平差是以共线条件方程作为基本数学模型，影像坐标观测值是未知数的非线性函数，因此，需要经过线性化处理后，才能用最小二乘方法进行计算。在对共线方程线性化过程中，与单像空间后方交会不同的是，对待定点的地面坐标 (X, Y, Z) 也要进行偏微分，所以，线性化过程中要提供每张像片外方位元素的近似值和待定点坐标的近似值，然后逐渐趋近求出最佳解。

在内方位元素已知情况下，视像点坐标为观测值，其误差方程式可表示为：

$$\left.\begin{array}{l} v_x = a_{11}\Delta X_S + a_{12}\Delta Y_S + a_{13}\Delta Z_S + a_{14}\Delta\varphi + a_{15}\Delta\omega + a_{16}\Delta\kappa - a_{11}\Delta X - a_{12}\Delta Y - a_{13}\Delta Z - l_x \\ v_y = a_{21}\Delta X_S + a_{22}\Delta Y_S + a_{23}\Delta Z_S + a_{24}\Delta\varphi + a_{25}\Delta\omega + a_{26}\Delta\kappa - a_{21}\Delta X - a_{22}\Delta Y - a_{23}\Delta Z - l_y \end{array}\right\}$$

$$(6\text{-}26)$$

式中，常数项$l_x = x - (x)$，$l_y = y - (y)$，(x)和(y)是把未知数的近似值代入共线条件方程式计算得到的。当影像上每点的l_x、l_y小于某一限差时，迭代计算结束。

把误差方程写成矩阵形式：

$$V = \begin{bmatrix} A & B \end{bmatrix} \begin{bmatrix} t \\ X \end{bmatrix} - L \tag{6-27}$$

式中，

$$V = \begin{bmatrix} v_x & v_y \end{bmatrix}^T, \quad A = \begin{bmatrix} a_{11} & a_{12} & a_{13} & a_{14} & a_{15} & a_{16} \\ a_{21} & a_{22} & a_{23} & a_{24} & a_{25} & a_{26} \end{bmatrix}, \quad B = \begin{bmatrix} -a_{11} & -a_{12} & -a_{13} \\ -a_{21} & -a_{22} & -a_{23} \end{bmatrix}$$

$$t = \begin{bmatrix} \Delta X & \Delta Y & \Delta Z & \Delta\varphi & \Delta\omega & \Delta\kappa \end{bmatrix}, \quad X = \begin{bmatrix} \Delta X & \Delta Y & \Delta Z \end{bmatrix}^T, \quad L = \begin{bmatrix} l_x & l_y \end{bmatrix}^T$$

对每个像点，可列出式(6-27)误差方程，其相应的法方程为：

$$\begin{bmatrix} A^T A & A^T B \\ B^T A & B^T B \end{bmatrix} \begin{bmatrix} t \\ X \end{bmatrix} = \begin{bmatrix} A^T L \\ B^T L \end{bmatrix} \tag{6-28}$$

一般情况下，待定点坐标未知数X的个数要远远大于定向未知数t的个数，因此，对式(6-28)中消去未知数X以后，可得未知数t的解为：

$$t = [A^T A - A^T B (B^T B)^{-1} B^T A]^{-1} \cdot [A^T L - A^T B (B^T B)^{-1} B^T L] \tag{6-29}$$

利用式(6-29)求出每张像片的外方位元素后，再利用双像空间前方交会公式求得全部待定点的地面坐标；也可以利用多片前方交会求得待定点的地面坐标。在共线条件的误差方程式(6-26)中，由于每张像片的6个外方位元素已经求出，可以列出每个待定点的前方交会误差方程：

$$\left.\begin{array}{l} v_x = -a_{11}\Delta X - a_{12}\Delta Y - a_{13}\Delta Z - l_x \\ v_y = -a_{21}\Delta X - a_{22}\Delta Y - a_{23}\Delta Z - l_y \end{array}\right\} \tag{6-30}$$

如果有一个待定点跨了n张像片，则可以列出如式(6-30)的$2n$个误差方程，将所有待定点的误差方程组成法方程，解出每个待定点的地面坐标近似值的改正数，加上近似值后，得到该点的地面坐标。

任务结构图

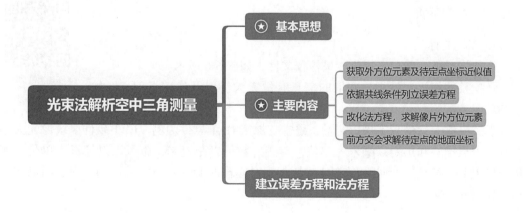

▶ 空三加密

项目实训二　解析空中三角测量

一、作业流程

航空摄影测量进行解析空中三角测量工程流程，如图 6-5 所示。

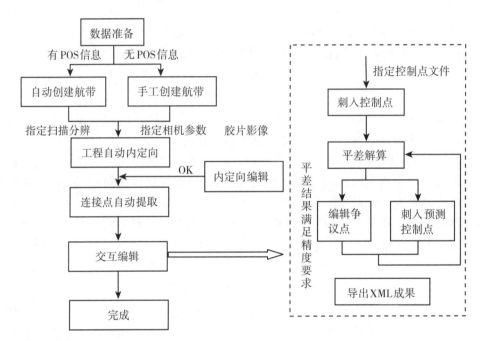

图 6-5　解析空三加密工程流程图

二、解析空三加密工程实施

（一）数据准备

▶ 新建相机文件

1. 相机文件

一般情况下，客户会提供相机检校文件，如图 6-6 所示。

从检校的相机文件中，获取的信息有像素大小以及像主点偏心、焦距和畸变参数。

以武汉航天远景数字摄影测量系统空三加密 HAT 软件为例。HAT 软件要求像元大小以及像主点偏心和焦距以毫米为单位，畸变参数可以是毫米，也可以以像素为单位。相机报告中 k1 对应输入到相机文件 k3 中，k2 对应输入 k5，k3 对应输入 k7 中。相机文件格式如图 6-7 所示。

航 空 摄 影 仪 器 技 术 参 数

鉴 定 报 告

1、　相机类型：CanonEOS5DMarkII_50.0_5616x3744

2、　鉴定软件版本：EasyCalibrate

3、　检校结果（像幅5616*3744像素，像素大小：6.60 um）

　　单位：毫米

序号	校验内容	检校值
1	主点x0	−0.0362
2	主点y0	0.0686
3	焦距f	53.1144
4	径向畸变系数k1	0.0000480363317154575300
5	径向畸变系数k2	−0.0000000117885871339737
6	径向畸变系数k3	−0.0000000000115753371156
7	偏心畸变系数p1	−0.000007217695197994
8	偏心畸变系数p2	0.0000191979936943386
9	CCD非正方形比例系数 α	0.000037322939
10	CCD非正交性畸变系数 β	−0.000008167361

图 6-6　相机检校报告文件

图 6-7　相机文件格式

　　针对数码相机，一般框标坐标可以通过计算得到，以角框标为例，如图 6-8 所示。其中，$x = 0.00488 \times 7360/2 = 17.9584$，$y = 0.00488 \times 4912/2 = 11.98528$（0.00488 是扫描分辨率，也是像素大小；7360 和 4912 是影像长宽，以像素为单位）。

图 6-8　输入框标坐标

2. 控制点文件

控制点格式如图 6-9 所示，控制点的点数可以等于或者大于控制点的总个数，ID 号必须是纯数字、4~9 位数字，首字母不能是 0；X 指的是向东，Y 指的是向北。

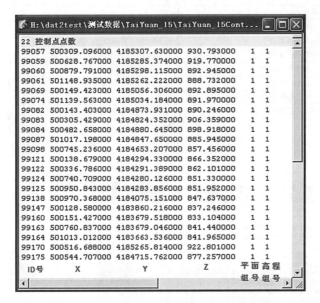

▶ 新建控制点
文件

图 6-9　控制点格式

3. POS 文件

POS 文件可以是低精度的 POS 数据，也可以是高精度仅有 GNSS 信息的 POS 数据；并要求将 POS 坐标转换到与控制点坐标系一致，以便转点过程中正确读取 POS 数据，否则后期转点的工程会无法读取 POS 数据。

POS 文件文本格式如图 6-10 所示，要求文本中的空格必须使用空格键，不能是 Tab 键，并且 ID 号必须与影像的 ID 名字完全一致，包括后缀名。

注意，如果后面需要用 GNSS 辅助空中三角测量平差，则需要将 GNSS 数据通过 HAT 的"POS 文件"再引入一次，此时影像 ID 名称不能带后缀名。

图 6-10　POS 文件文本格式

4. 影像文件

影像文件命名为 images 名称，软件支持影像格式为"∗.jpg"或者标准"∗.tif"格式，不能是压缩的"∗.tif"格式。

(二)新建工程

通过单独转点自动创建工程，需要有影像、POS 文件(不是必需的)，如果有 POS 文件，可以提高转点精度和速度。启动 PMO 转点程序，操作如图 6-11 所示。

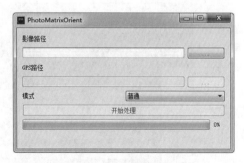

图 6-11　启动 PMO 转点程序

图 6-11 中的"模式"有两种：普通和自检校。如果已有相机文件，可以选择普通模式；如果没有相机文件，可以选择自检校模式。一般情况下，建议用自检校模式，转点效果会优于普通模式，包含专业量测相机影像。但是根据作业经验，建议是否有相机文

件都选择自检校模式，这样转点精度会更高。执行完成后，自动跳转到 HAT 主界面，如图 6-12 所示。

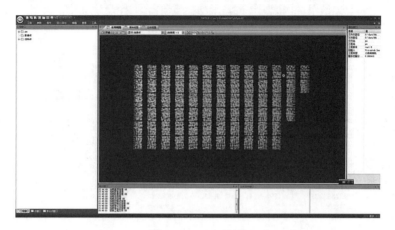

图 6-12　HAT 界面

(三) 交互编辑

1. 查看连接点分布

转点完成后，可以查看连接点分布以及精度。在"平铺"模式下查看连接点的分布情况，并且可根据需要在交互编辑前设置显示影像的旋转(不会改变原始影像文件)，如图 6-13 所示，根据需要，还可调整航带和航带内影像的顺序，使整个工程的影像按从上到下、从左到右重叠顺序排列显示，便于查看、添加、编辑点。

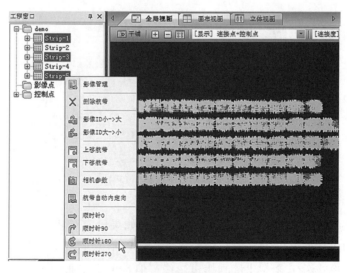

图 6-13　"全局视图"平铺界面

2. 添加编辑点

自动转点后，可先在工程区域的四角周边刺入 4 个控制点。刺入控制点前，需先指定控制点文件，然后进入加点状态，启动"补齐"按钮，如图 6-14 所示。

图 6-14 影像信息

"补齐"是在影像上添加某点时，其他相关影像上的同名点位也会自动添加；否则，在某影像上添加点位时，其他相关影像上的同名点位只会显示绿色方框标记同名点位，用户则需要逐个添加同名点位。

在"全局视图"里找到要刺入控制点的影像，手动添加控制点，相关影像的同名点位也自动添加对应点，如图 6-15 所示。

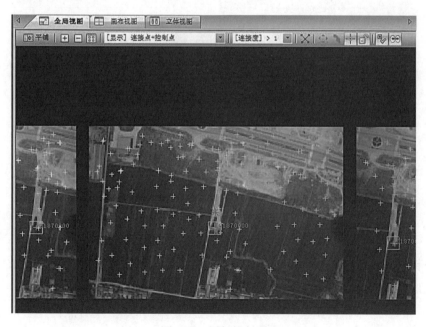

图 6-15 添加控制点

在"全局视图"窗口添加点位后，必须在"画布视图"窗口精细调整点位。进入"画布视图"界面，如图 6-16 所示。

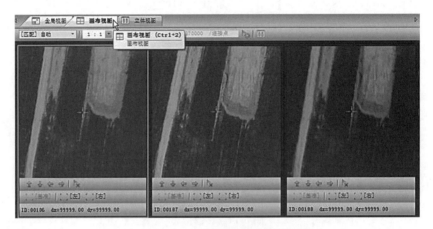

图 6-16　在"画布视图"精细调整点位

使用"画布视图"里的工具条按钮 ➕（或快捷键 z）放大视图，一般放大到 3 倍（可直接在"缩放比例"列表选择"1∶3"），然后使用精细窗口下的 ⬆ ⬇ ⬅ ➡ 微调点位，调整后的结果如图 6-17 所示。

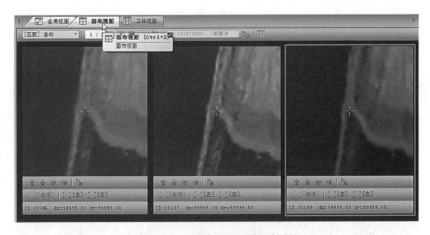

图 6-17　"画布视图"微调结果

如果精细窗口的点位距离影像边沿太近或者不是同名点位，则可删除该影像上的点位。若想取消删除点位，则可使用"撤销"按钮 。

在"画布视图"中精确调整 ID 点位后，可在"立体视图"下观看点位是否准确。首先正确选择左、右片，在每个影像的精细窗口下都有"左""右"选项，然后启动工具条上的

"激活立体观测"按钮![按钮图标]，如图 6-18 所示。

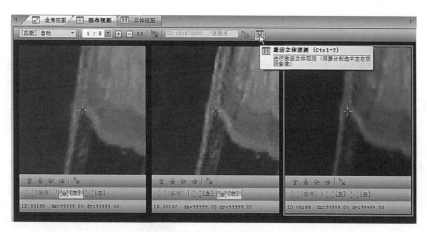

图 6-18　激活立体观测

一般分别选择"画布视图"里的第一、二影像为左、右片，有时若是反立体，则可选择第一、二影像为右、左片。

程序自动将"立体视图"窗口置前，显示选择的左、右片配成的立体像对。缺省"真立体"模式显示，也支持红绿立体显示。"立体选择窗口"中显示当前编辑 ID 点的影像信息，当前的左、右片影像前会有"✓"标记，如图 6-19 所示。

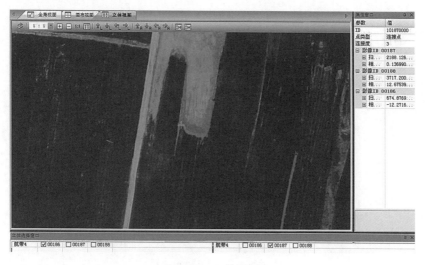

图 6-19　立体观测

在"立体视图"中查看编辑点位时，先查看编辑当前像对的点位，准确后，再切换到下一个相邻像对的点位，直到所有影像相邻像对的点位都正确，该 ID 点的立体观测检查才结束。

ID 点点位编辑准确后，若是控制点，则需要指定控制点点号。在"画布视图"中启动
"修改 ID 和类型"按钮![icon]，如图 6-20 所示。

图 6-20　修改 ID 和点类型

用户在弹出的对话框中"点类型"列表中选择"控制点"，"点 ID"列表中列出控制点
点号(之前必须指定控制点文件)，连接点被修改为指定点号的控制点。

(四)平差解算

刺入控制点后(若没有 POS 信息，需要在工作区四周至少添加 3 个控制点，最好是
最大范围的 4 个点)，接着进行平差解算，如图 6-21 所示，了解连接点的精度。如果平
差收敛，则添加其他控制点，编辑删除粗差点。

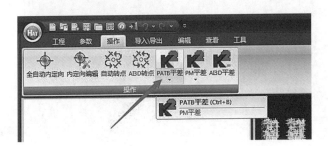

图 6-21　调用"PATB 平差"

平差参数设置时，若指定 GPS 信息，即需要勾选 GPS 改正模式和 GPS 权重，如图
6-22 和图 6-23 所示。

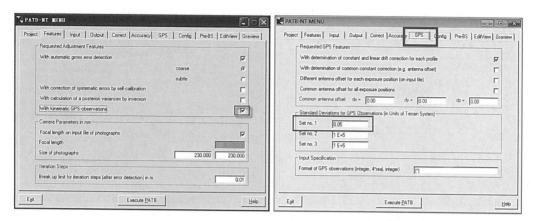

图 6-22　勾选 GPS 参与平差及设置 GPS 参数

如果不需 GPS 参与，则不勾选"带动态 GPS 观测"，后面"GPS"项默认灰色，不可设置。

执行平差后，如图 6-23 所示，点击"争议点窗口"显示争议点信息，在"全局视图"窗口显示预测的控制点点位(红色旗标记)。

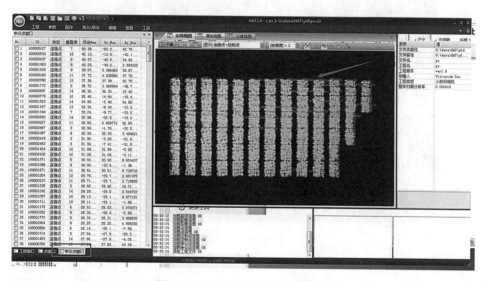

图 6-23　争议点窗口与预测控制点

在"Accuracy"选项卡左侧框处输入之前解算的 sigma 值，如图 6-24 所示，然后执行解算，直到解算的 sigma 值与如图 6-25 中红色框输入的值相同再退出，单位默认为微米。图 6-25 右侧框是控制点的权值，数值越小，权值越大，在连接点争议点都编辑完毕，像点网稳固时，再修改该参数值解算(该参数值根据定向精度值设置，单位为米)。

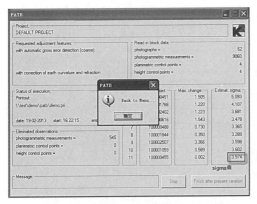

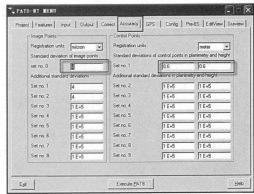

图 6-24　PATB 解算结果　　　　　　　　　　　　　　图 6-25　设置权值

如图 6-26 所示，启动"平铺" ⊞ 按钮，变成拼接状态，显示全局图。

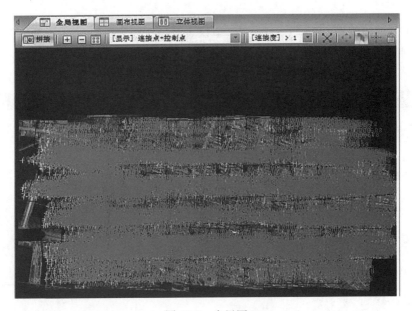

图 6-26　全局图

　　平差解算不收敛，没有争议点信息，需要查看是否影像上没有连接点，或者航带间没有连接。查看连接点分布，通过添加补充或调整连接点，然后再平差解算。平差解算后编辑争议点，再平差解算，通常直到没有明显争议点信息为止。检查最后一次的平差解算设置如图 6-27 所示，勾选"With calculation of a posteriori variances by inversion"（输出验后方差）。在连接点没有明显大错点并且能肯定控制点没有问题的情况下，可以不勾选"With automatic error detection"（自动探测粗差）。

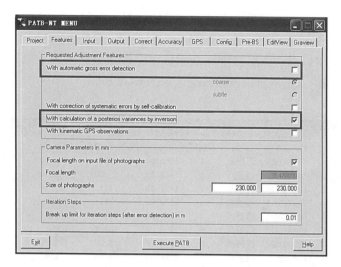

图 6-27　最后一次平差解算

(五)添加预测的控制点

平差解算收敛后,启动"刷新预测控制点",刷新显示预测点位。在"全局视图"工具条上选择"[显示]控制点+预测控制点",如图 6-28 所示,则只显示控制点和预测控制点标记。在某红色旗子标记处右键菜单,选择"添加该 ID 所有预测控制点",将会添加该 ID 控制点的所有预测同名点位,然后精细编辑点位。

图 6-28　添加预测控制点

（六）编辑争议点

平差解算后，争议点列表里有争议点信息，按粗差值从大到小顺序排列。看每个争议点的"综合 Max 值"，了解点位偏差情况，如图 6-29 所示。

No.	ID	类型	重叠度	综合Max	Rx_Max	Ry_Max
1	100000334	连接点	4	1986.31...	1986....	414.3...
2	100002902	连接点	3	1456.75...	1.367123	1456....
3	100000112	连接点	5	1421.60...	1421....	-699...
4	100002075	连接点	5	1379.56...	-271....	1379....
5	100002841	连接点	3	1307.02...	-304....	-1307....
6	100002072	连接点	5	1293.20...	124.1...	1293....
7	100000460	连接点	5	1270.28...	79.09...	1270....
8	100000537	连接点	5	1214.99...	72.93...	-1214....
9	100000532	连接点	5	1207.33...	497.1...	-1207....

图 6-29　争议点窗口

有时显示值很大的点不一定是大错点，需要进一步查看该争议点。若只是个别影像上点位错的离谱，则可多选争议点后"删除争议点（仅争议点）"，如图 6-30 所示。

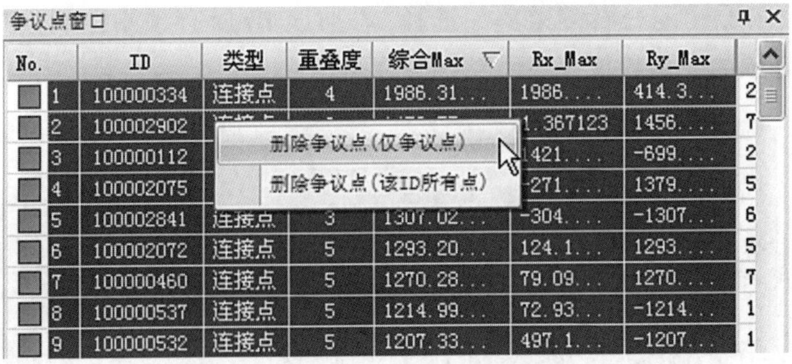

No.	ID	类型	重叠度	综合Max	Rx_Max	Ry_Max	
1	100000334	连接点	4	1986.31...	1986....	414.3...	2
2	100002902			删除争议点（仅争议点）	1.367123	1456....	7
3	100000112			删除争议点（该ID所有点）	1421....	-699...	2
4	100002075				-271....	1379....	5
5	100002841	连接点	3	1307.02...	-304....	-1307....	6
6	100002072	连接点	5	1293.20...	124.1...	1293....	5
7	100000460	连接点	5	1270.28...	79.09...	1270....	7
8	100000537	连接点	5	1214.99...	72.93...	-1214....	5
9	100000532	连接点	5	1207.33...	497.1...	-1207....	1

图 6-30　编辑争议点窗口

若争议点列表里显示的粗差点，在"画图视图"里查看是同名点位，则要查看精细窗口下的残差信息，看哪张影像上残差值很大。在"全局视图"查看绿色方框高亮显示的点，看问题影像是否有缺点或者有大错点。

编辑完争议点后，用户需要再次平差解算，直到争议点列表里没有争议点信息，平差精度满足定向精度要求为止。

（七）查看平差结果

PATB 文件夹里包括以下四种文件：

（1）"＊.im"测区所有影像的像点文件，如图6-31所示。

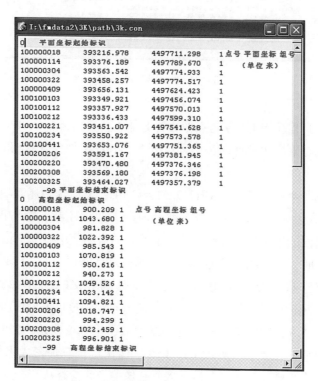

图6-31　像点文件

（2）"＊.con"控制点文件，如图6-32所示。

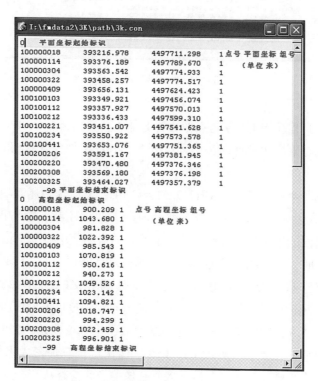

图6-32　控制点文件

(3)“ ＊. adj”加密点文件，如图 6-33 所示。

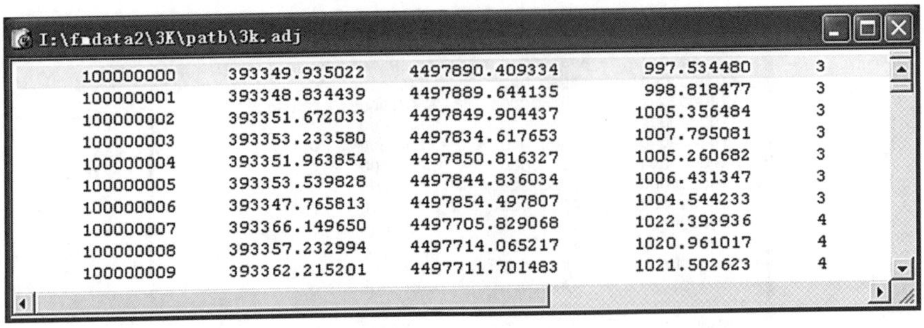
I:\fmdata2\3K\patb\3k.adj

100000000	393349.935022	4497890.409334	997.534480	3
100000001	393348.834439	4497889.644135	998.818477	3
100000002	393351.672033	4497849.904437	1005.356484	3
100000003	393353.233580	4497834.617653	1007.795081	3
100000004	393351.963854	4497850.816327	1005.260682	3
100000005	393353.539828	4497844.836034	1006.431347	3
100000006	393347.765813	4497854.497807	1004.544233	3
100000007	393366.149650	4497705.829068	1022.393936	4
100000008	393357.232994	4497714.065217	1020.961017	4
100000009	393362.215201	4497711.701483	1021.502623	4

图 6-33　加密点文件

(4)“ ＊. ori”外定向参数文件，如图 6-34 所示。

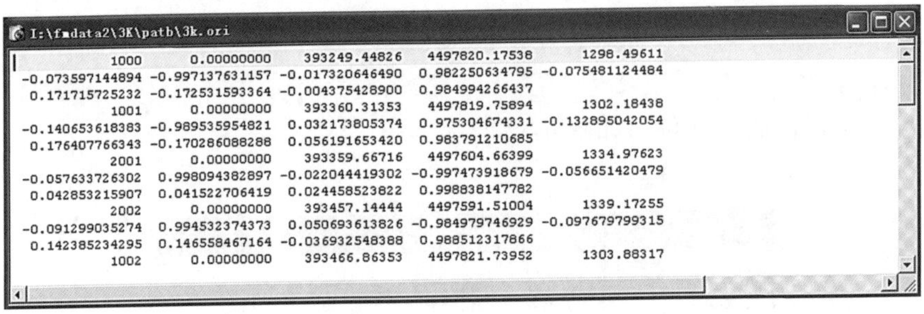
I:\fmdata2\3K\patb\3k.ori

1000	0.00000000	393249.44826	4497820.17538	1298.49611
-0.073597144894	-0.997137631157	-0.017320646490	0.982250634795	-0.075481124484
0.171715725232	-0.172531593364	-0.004375428900	0.984994266437	
1001	0.00000000	393360.31353	4497819.75894	1302.18438
-0.140653618383	-0.989535954821	0.032173805374	0.975304674331	-0.132895042054
0.176407766343	-0.170286088288	0.056191653420	0.983791210685	
2001	0.00000000	393359.66716	4497604.66399	1334.97623
-0.057633726302	0.998094382897	-0.022044419302	-0.997473918679	-0.056651420479
0.042853215907	0.041522706419	0.024458523822	0.998838147782	
2002	0.00000000	393457.14444	4497591.51004	1339.17255
-0.091299035274	0.994532374373	0.050693613826	-0.984979746929	-0.097679799315
0.142385234295	0.146558467164	-0.036932548388	0.988512317866	
1002	0.00000000	393466.86353	4497821.73952	1303.88317

图 6-34　外定向参数文件

控制点平面、高程超限时(控制点像方没超限)，该控制点显示在争议点窗口列表，但无法看出控制点超限多少。此时，必须打开“ ＊. pri”文件，查看解算精度以及警告或者错误信息。

如图 6-35 所示，“SIGMA NAUGHT 3. 51 = 0. 141”表示像点精度 3. 51μm、0. 141m；“HV 4→HO 3”，代表 4 度平高点降为 3 度平面点，即该控制点的高程超限、高程有粗差，高程不参与后面的平差迭代解算，其 4 个像方的量测值中有一个错误；当 rx、ry、rz 值大于 3 倍中误差时，会出现“ ＊ ”号标识，当成粗差点处理。

依据《数字航空摄影测量空中三角测量规范》(GB/T 23236—2009)和《1 ∶ 500、1 ∶ 1000、1 ∶ 2000 地形图航空摄影测量内业规范》(GB/T 7930—2008)等规范，检查平差解算结果是否符合要求，判断指标有：定向点参数、检查点残差、公共点残差、验后方差。即使以上四项都符合要求，实际生产中也不能认定空三加密成果精度 100% 符合要求。空三加密精度检测最理想的方法是：将所有像控点和检查点套合立体模型进行检测，并进行模型接边检查，检查结果符合规范要求，才是真的符合要求。

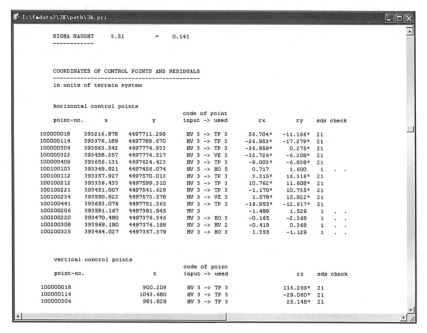

图 6-35　控制点精度报告文件

(七) 导出空三成果

如图 6-36 所示，当平差满足定向精度后，输出空三成果。

图 6-36　导出 MapMatrix 工程

北 斗 精 神

1993 年 7 月 23 日，我国的"银河"号正在印度洋上正常航行，突然船停了下来。起因是美国无中生有地指控中国"银河"号货轮将制造化学武器的原料运往伊朗，而且强硬要求必须停船接受检查，在中国船只不听从的情况下，美国局部关闭了该船所在海区的GPS 导航服务，使得"银河"号变成了无头苍蝇，不知道该向哪个方向行驶。1996 年台海危机，解放军在东海军事演习，第一枚导弹准确命中目标，紧接着发射的第二枚和第三枚导弹突然无法追踪，最终导致大大偏离了原定落点范围。事后军事分析表明，这两次发射失败可能是由于 GPS 信号的突然中断造成的，导致我们的导弹失去了准星。导航定位这样的核心技术握在他国人手里，我们哪里有什么国家安全可言！

早在 20 世纪 70 年代，我国就想建立自己的卫星导航系统。"两弹一星"元勋、北斗系统工程首任总设计师孙家栋院士提出了"三步走"的发展战略：2000 年建成"北斗一号"试验系统，使我国成为世界第三个拥有自主卫星导航系统的国家；2012 年建成"北斗二号"区域系统，为亚太地区提供服务；2020 年建成"北斗三号"全球系统，开通全球服务。在"北斗三号"全球卫星导航系统建成暨开通仪式上，习总书记强调："26 年来，参与北斗系统研制建设的全体人员迎难而上、敢打硬仗、接续奋斗，发扬'两弹一星'精神，培育了新时代北斗精神，要传承好、弘扬好。"

创新精神是一个国家和民族发展的不竭动力，也是现代人应该具备的一种素质。北斗系统破解了星载原子钟、导航芯片、星间链路等"不可能"，独树一帜，选择走混合星座的特色发展之路。历经 160 余项核心关键技术和世界级难题的攻克、500 余种核心器部件国产化研制的突破，北斗系统闪耀着三种轨道混合星座、短报文通信等独有的中国智慧火花。

随着"北斗三号"系统正式开通服务，属于北斗的"全球时代"进一步到来，世界上任何一个地方都能够享受北斗系统开放、免费、高质量的导航、定位和授时服务。每一项功能服务都饱含北斗特色和中国情怀。全球半数以上国家和地区使用北斗系统，"中国北斗"已真正、成为"世界北斗"，我国已进入国际航空一流强国行列。

拥有了自主产权的导航系统，从此不再受制于人，信息更安全、国防更强大。北斗系统除了强大的军事用途之外，还广泛应用到了各行各业，如同水和电一样，走进了千家万户，无处不在、触手可及，深刻改变着人们的生产、生活方式，并产生着显著的经济和社会效益。2020 年，珠峰高程测量中应用了北斗系统的数据，并以北斗数据为主；国内 21 款智能汽车、5 万架行业类无人机的高精度定位使用了北斗系统；国内 110 万辆共享单车和 12 个城市的 20 万个停车电子围栏的高精度服务仍然使用了北斗系统。"中国北斗"迈进了高质量服务全球、造福人类的新时代。北斗系统作为潜力巨大的战略优势资源，是我国在世界竞争中的国之利器和王牌。

拓展与思考

（1）阐述解析空中三角测量的意义。

（2）航带法解析空中三角测量为什么要将控制点的地面测量坐标转换为地面摄影测量坐标？

（3）简述航带法解析空中三角测量、独立模型法解析空中三角测量和光束法解析空中三角测量的观测值和数学模型。

（4）如何实施独立模型法解析空中三角测量？

（5）光束法空中三角测量的主要内容有哪些？

（6）简述解析空中三角测量的操作流程。

（7）如何评定解析空中三角测量成果的精度？

项目 7

制作数字测绘产品

☞ 项目导读

通过空三加密，有了足够密度的控制点之后，就可以生产制作各类测绘产品，其中较多的是制作 3D 产品(DEM、DOM、DLG)。随着计算机信息技术的发展，以及摄影测量方法的更新，可供使用的摄影测量软件平台逐渐增多，项目以国产的 MapMatrix 为例，较为全面地介绍了摄影测量内业中 DEM、DOM、DLG 产品的制作方法和注意要点，并结合操作视频，充分展示出 3D 产品的制作要领及质检要求。

☞ 学习指南

了解 MapMatrix、VirtuoZo、DPGrid、JX-4 等常用的四种国内数字摄影测量工作站。掌握 DEM、DOM、DLG 的含义，了解制作 DEM 的不同方法，掌握航空摄影测量制作 DEM 的方法；了解制作 DOM 的思路和步骤，掌握制作 DOM 的方法，以及 DOM 成果的检查；掌握制作 DLG 的要求和不同类型地物要素的采集要点，以及 DLG 成果的检查要点；能够制作 DEM、DOM、DLG 产品。

任务 7.1　数字摄影测量系统

7.1.1　数字摄影测量系统概述

随着计算机的广泛应用和信息处理技术的飞速发展，模拟和解析摄影测量已经被数字摄影测量取代。数字摄影测量最重要的技术是数字摄影测量系统。数字摄影测量系统仅仅利用一台计算机加上专业的摄影测量软件，便可代替过去传统的、所有的摄影测量的仪器。数字摄影测量系统是对影像进行自动化测量与识别，完成摄影测量作业的所有软、硬件构成的系统，相对于传统的摄影测量系统而言，具有占用空间小、自动化程度高、生产效率高等优点。

数字摄影测量工作站是数字摄影测量系统的主要载体或主要核心部分，是数字摄影测量系统的具体实现。数字摄影工作站按其自动化功能可分为三种类型：半自动化模式，在人、机交互状态下进行工作；自动模式，需要作业员事先定义、输入各种参数，以确保操作质量；全自动模式，完全独立于作业员的干预。目前，数字摄影测量工作站所具有的全自动模式功能还不多，一般处于半自动与自动模式。王之卓教授提出了"全数字摄影测量"（Full Digital Photogrammetry）概念：在数字摄影测量过程中，不仅产品是数字的，而且中间数据的记录以及处理的原始资料均是数字的。全数字摄影测量系统目前已经发展到第二代，具有采编一体化、内外一体化、图库一体化的数字摄影测量生产新模式，并且具有同步数据更新能力。

7.1.2　数字摄影测量工作站简介

自 1992 年在华盛顿召开的国际摄影测量与遥感大会（International Society for Photogrammetry and Remote Sensing，ISPRS）上首次推出可用于生产的商用数字摄影测量工作站（DPW）以来，各种功能特点大同小异的 DPW 相继问世，其中较有代表性的有我国的 VirtuoZo、JX-4 和 MapMatrix，国外的 Inpho、Imagestation SSK、LPS 等。但随着网络技术和计算机技术的快速发展，数字摄影测量系统不可避免地经历了一场从数字摄影工作站到数字摄影测量网格的变革。目前，具有代表性的基于网格的全数字摄影测量系统有我国的 DPGrid 和国外的 Pixel Factory。

1. 工作站的工作流程

目前国内的数字摄影测量工作站的一般工作流程如图 7-1 所示。

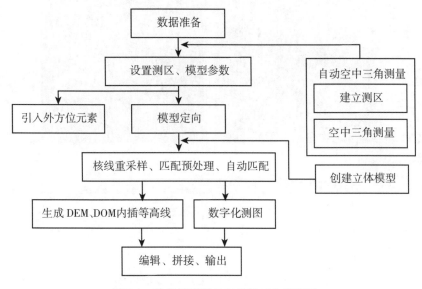

图 7-1　数字摄影测量工作站工作流程图

对于国内外大多数的数字摄影测量工作站来说，目前可以实现全自动或几乎全自动作业方式的操作包括：内定向及相对定向，核线重采样（水平核线的生成），数字空中三角的自动转点、平差计算，DEM 生成及 DEM 自动生成等高线，数字微分纠正。而需要人工干预和半自动化的操作步骤为：绝对定向中控制点的识别、DEM 和 DOM 的交互式编辑，以及量测图等。

2. 国内主要工作站简介

▶ 安装软件

1）航天远景 MapMatrix 软件

MapMatrix 又名多源地理数据综合处理系统，是武汉航天远景 2005 年推出的功能强大的软件平台，操作界面如图 7-2 所示。该系统致力于对航空影像、数码量测相机、卫星遥感、外业等多种数据源进行空间信息的综合处理，不仅为 4D 基础数据的生产加工提供丰富完整的软件工具，同时借助数据库管理器、项目管理器和统一的数据管理接口，将项目和数据有效管理起来，为后期数据增值和共享提供基础。

MapMatrix 具有开放的数据交换格式，可与其他测图软件平台、GIS 软件和图像处理软件方便地共享数据。

图 7-2　MapMatrix 立体测图界面

MapMatrix 的技术优势如下：

（1）独有算法让自动化处理的效率高出同类产品 2 倍以上；

（2）测图、DEM 编辑等模块功能丰富、操作方便，较同类产品提高生产效率 50％以上；兼容性好，支持最新的显示设备、最新的传感器类型和最新的输入方式；

（3）架构先进，对于用户提出的新需求能够以最快的时间响应；

（4）实时核线，节约大量数据准备时间；

▶ 整理软件界面

（5）不需额外投资的全并行计算架构，比同类产品提速 200％以上。

MapMatrix V5.0 具备强大的基础测绘标准 4D 产品生产能力，以及作业过程自动化、采编入库一体化、数据处理规模化等优势。目前该系统已广泛应用于基础测绘、城市规划、国土资源、卫星遥感、军事测量、公路、铁路、水利、电力、能源、环保、农业、林业等众多领域。

MapMatrixGrid（即 MapMatrix 多源地理数据综合处理集群平台）是航天远景专为团队项目级协同生产与新型基础测绘建设打造的一款功能完备的网络化数字摄影测量立体测图系统，相比单机作业，有效提升 20％~30％团队综合生产能力。

2）适普公司 VirtuoZo 软件

适普公司成立于 1996 年，是国内最早的数字摄影测量公司，其核心技术来源于原武汉测绘科技大学（王之卓院士、张祖勋院士）30 多年的研究成果。VirtuoZo NT 系统，如图 7-3 所示，是适普软件有限公司与武汉大学遥感学院共同研制的全数字摄影测量系统，属世界同类产品的五大名牌之一。此系统基于 Windows NT，利用数字影像或数字化影像，由计算机视觉（其核心是影像匹配与影像识别）代替人眼的立体测量与识别完成摄影测量作业。

图 7-3　VirtuoZo 软件界面

VirtuoZo 的原始资料、中间成果及最后产品等都以数字形式呈现，克服了传统摄影测量只生产单一线划图的缺点，可生产出多种数字产品，如数字高程模型、数字正射影像、数字线划图、景观图等，并提供各种工程设计所需的三维信息、各种信息系统数据库所需的空间信息。VirtuoZo NT 不仅在国内成为各测绘部门从模拟摄影测量走向数字摄影测量更新换代的主要装备，而且也被世界诸多国家和地区所采用。

VirtuoZo 软件的特点如下：

（1）全软件化设计：VirtuoZo 是一个全软件化设计、功能齐全和高度智能化的全数字摄影测量系统；

（2）高度自动化：影像的内定向、相对定向、影像匹配、建立 DEM、由 DEM 提取等高线和正射影像制作等操作，基本上不需要人工干预，可以批处理自动进行；

（3）高效率：相对定向只需1~2min，匹配同名点的速度达到每秒2000点以上；

（4）灵活性：系统提供了"自动化"和"交互处理"两种作业方式，用户可以根据具体情况灵活选择；

（5）通用性：系统不仅能基于航空影像生产1∶500~1∶50000各种比例尺的4D产品（DEM、DOM、DLG、DRG），还能处理近景影像中等分辨率的卫星影像（如SPOT、TM等卫星影像）、Ikonos卫星影像、QuickBird卫星影像、OrbView卫星影像、SPOT5、P5和可测量数码相机影像；

（6）处理多种传感器数据模型：系统不仅能处理航空像片，ADS40模块还能用于处理ADS40传感器数据，RPC模型用于处理高分辨率卫星影像数据。

3）武汉大学DPGrid软件

目前，数字摄影测量系统正在经历一场从数字摄影测量工作站到数字测量网格的变革，具有代表性的基于网格的全数字摄影测量系统有我国的DPGrid（数字摄影测量网格系统）和国外的PiXel Factory（像素工厂）。DPGrid由中国工程院院士、武汉大学教授张祖勋提出并研制成功，它是世界首套数字摄影测量网格。其操作界面如图7-4所示。

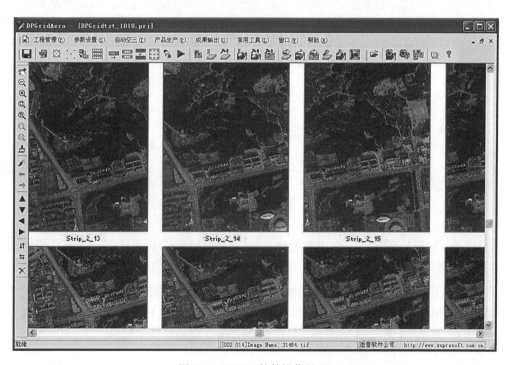

图7-4 DPGrid软件操作界面

DPGrid是将计算机网络技术、并行处理技术、高性能计算技术与数字摄影测量处理技术相结合而研制的新一代摄影测量处理平台，其性能远远高于当前的数字摄影测量工作站。该系统的应用使地形图测绘速度达到目前数字摄影测量工作站处理速度的 8 倍以上，可以实时处理大面积高精度、多光谱遥感影像，在整体技术水平上达到国际先进水平，其中，DPGrid 并行处理技术、影像匹配技术和网络全无缝测图技术达到国际领先水平。对于上千平方公里的遥感影像，几天内就可以自动处理完毕，生产出该区域的数字地面模型和正射影像图；对于一定流域范围内的遥感影像进行处理，几十分钟内就能处理完毕，并能提供洪水预报、灾害评估等信息。

针对不同传感器类型，DPGrid 数据处理可分为航空摄影测量模块(框幅式影像)、低空摄影测量模块(框幅式影像)、正射影像快速更新模块和 ADS40 模块。

DPGrid 系统的特点如下：

(1)生产流程简单化：无单幅正射影像、无 DEM/DOM 拼接、无核线影像，作业员只管开机、关机和应用手轮、脚轮，无须考虑模型和图幅，按要求测绘等高线、地物及其他地图要素，测图同时即可接边。减少了中间流程和中间结果，直接获得最终结果。

(2)任务设计人性化：图幅(DEM、DOM、DLG)全部由服务器根据作业要求予以裁剪与整饰，不仅完全符合实际任务需要，而且大大提高了生产效率。

(3)任务分配自动化：管理员可以在服务器上按照图幅随时将任务自动下达到每一个作业员，作业员在客户端只需单击任务列表中的具体任务，就可以自动下载与任务相关的数据，然后开始测图作业。

(4)图幅接边网络化：由于服务器上已经保存了图幅接边关系表，因此作业员不仅可以在本机上看到邻近图幅中已测的矢量数据，而且同时在接边区内参照其他用户已测数据进行接边，图幅之间的接边通过网络进行。

(5)矢量采编和 DEM 采编一体化：DPGrid SLM 集成了生成高保真度 DEM 和等高线编辑功能，实现了 DEM 自动生成等高线与人工测绘等高线保持一致的功能。DEM 生成、等高线编辑与手工测绘线划图在同一作业环境下完成，无需额外软件处理，大大缩短了作业时间。

(6)数据处理多元化：可应用于航空数码相机摄影、低空数码相机摄影、常规光学摄影经过扫描的数字影像、ADS40 三线阵影像、SPOT 影像、三线阵测图卫星影像、LiDAR 的小像幅测图等。

(7)专业分工层次化：高水平专业人员在服务器上集中处理对专业技术要求较高的作业步骤，而具体的测图和编辑等常规作业，则分布到客户端上由普通作业员完成。

(8)生产监控实时化：管理员可通过网络随时监控每个工作站的生产进度和工作状态，及时对生产中出现的问题进行处理和调整，有效地集数据生产与生产管理于一体。

4)四维远见 JX-4 软件

JX-4 是北京四维远见信息技术有限公司面向生产高精度与高密度 DEM 和高质量

DOM、DLG，结合生产单位的作业经验，开发出的一套半自动化、实用性强，有很强的产品质量控制工艺的数字摄影测量工作站，如图 7-5 所示。该数字摄影测量工作站也是我国具有完全自主知识产权，且在国内外被广泛使用的一套数字摄影测量生产设备。

图 7-5　JX-4G 软件操作界面

北京四维远见信息技术有限公司创办于 1989 年 3 月，创办人为中国工程院刘先林院士，主要产品包括：JX-4 数字摄影测量工作站、数字空中三角测量系统软件、SWDC-4 数字航空摄影仪（SWDC-5 数字航空倾斜摄影仪）、高精度轻小型航空遥感测量系统、SSW 车载激光建模测量系统、SW3DGIS 超自然真三维地理信息系统软件、NewMAP 新图软件以及 3DPT 真三维立体投影平台等。

JX-4 的特点如下：

(1) 刺点精度高，生产的 DEM 质量好，正射影像接边差小，影像清晰；

(2) 采用双屏显示，立体影像清晰、稳定，具有无可比拟优势；

(3) 采用硬件漫游，并行数据传输，传输速度快且影像漫游平稳；

(4) 测大比例尺地图时高程可达很高精度，满足大比例尺规范要求；

(5) 系统所采用的数据格式是开放的国际常用格式。

任务结构图

数字摄影测量系统
- 系统概述
- 数字摄影测量工作站简介
  - ★ 工作站的工作流程
  - 国内主要工作站简介
    - MapMatrix
    - VirtuoZo
    - DPGrid
    - JX-4

▶ 制作 DEM

任务 7.2　建立数字高程模型

数字高程模型(Digital Elevation Model，DEM)，通常用地表规则网格单元构成的高程矩阵表示，是地面高程的一种实体地面模型，也是数字地形模型(Digital Terrain Model，DTM)的一个分支，其他各种地形特征值均可由此派生。广义的 DEM 还包括等高线、三角网等所有表达地面高程的数字表示。在地理信息系统工程中，DEM 是建立 DTM 的基础数据，其他地形要素可由 DEM 直接或间接导出，称为派生数据，如坡度、坡向。

7.2.1　建立数字高程模型方法

建立数字高程模型(DEM)的方法有多种。按照数据源及采集方式，分法如下：

(1)地形测量，如采用 GNSS、全站仪等方式，通过野外测量而建立。该方法外业强度大、效率低、成本高，且对于生产产品级 DEM 数据而言，高程点密度不足、精度质量欠佳。

(2)航空摄影测量，如立体坐标仪观测及空三加密法、解析测图、数字摄影测量等。全数字摄影测量系统获取 DEM 时，利用核线影像自动匹配生成 DEM，然后再人工编辑，又能在立体环境下通过采集特征点线面后先构不规则三角网(TIN)，然后生成 DEM。该方法效率较高，成本投入少，且能够满足产品级 DEM 的生产精度要求。

DEM 内插方法很多，主要有整体内插、分块内插和逐点内插三种。整体内插的拟合模型是由研究区内所有采样点观测值建立。分块内插是把参考空间分成若干大小相同的块，对各分块使用不同函数。逐点内插是以待插点为中心，定义一个局部函数去拟合周围数据点，数据点范围随待插位置的变化而变化，因此又称为移动拟合法。有规则网络结构、不规则三角网(Triangular Irregular Network，TIN)两种算法，目前常用的算法是TIN，在 TIN 基础上通过线性和双线性内插建 DEM。

用规则方格网高程数据记录地表起伏的特点：$(X，Y)$ 位置信息可隐含，无需全部作为原始数据存储，所以数据处理比较容易；但数据采集较麻烦，因为网格点不是特征点，一些微地形可能没有记录。

TIN 结构数据的特点：能以不同层次的分辨率来描述地表形态，与格网数据模型相比，TIN 模型在某一特定分辨率下能用更少的空间和时间，更精确地表示更加复杂的表面，特别当地形包含有大量特征，如断裂线、构造线时，TIN 模型能更好地顾及这些特征。

(3)LiDAR 点云分类提取，数据精度高、生产效率最快，但需要额外配置专业软件对海量点云数据进行滤波处理。由于三维点云数据在三维建模等领域应用较广，如仅从获取 DEM 产品角度而言，航摄成本相对较高。

7.2.2　航空摄影测量建立数字高程模型

数据采集是 DEM 生成的关键问题。数据点太稀，会降低 DEM 精度；数据点过密，又会增大数据量、处理工作量和存储量，所以，在 DEM 数据采集之前，需要按照成果的精度要求确定合理的取样密度，并在 DEM 数据采集过程中根据地形复杂程度动态调整采样点密度。

以 MapMatrix 为例，利用 FeatureOne 立体采集模块，设置自动采集高程点选项，以从上至下、水平方向为行，从左至右、垂直方向为列，每隔 5m 自动跳转至下个格网，量测高程点。该方法操作简单易行，但工作量较大，一般作为杂乱区域描述，步距及断面线上点的间隔可根据地形的复杂程度而改变。

具体要素采集遵循如下原则：

（1）水域：对于静止水面，需测量水位高程并按此高程采集水岸线，整个水域范围据此高程构建平三角形，并按此高程对 DEM 格网赋值。双线河流水岸线的高程应依据上下游水位进行分段内插赋值，DEM 高程值应自上而下平缓过渡，并且与周围地形高程之间的关系正确、合理。

（2）森林区域：因为 DEM 测量到树顶表面，因此在生成 DEM 格网时应减去平均树高，从而获取地面高程。

（3）特殊区域：山区、凹地或垭口等处应内插高程特征点，狭长而缓坡的沟谷或山脊应内插特征线，避免出现不合理的平三角形；陡岩、斜坡、双线冲沟等地貌应合理反映地形特征。

（4）空白区域：空白区域是指数据源出现局部中断等原因无法获取高程的区域，位于空白区域的格网高程值赋予−9999。

1. 获取数据

在生成数字高程模型（DEM）之前，需获取相关数据信息，前期数据准备包括原始数字航空摄影像片、解析空中三角测量成果及其他外业控制成果等几个方面。

在数据准备充分的基础上，首先借助软件建立项目工程文件，并根据工作区实际情况设置相关参数，如比例 1∶2000 的 DEM，平面坐标系采用 2000 国家大地坐标系统、高斯-克吕格 3°带投影、中央经线为 124° 30′，高程系统采用 1985 国家高程基准等，其中工作区类型为 ADS40、DEM 格网间距为 2m、影像分辨率为 0.2m。

▶新建测区

其次，使用软件模块进行特征点及特征线采集，图幅范围内明显的地形变换处，如山顶鞍部、洼地、坑穴中心等处均需采集特征点，图幅内每一条特征线高程应切准地面采集，两条特征线之间地形应无明显高程起伏变化，若有高程起伏变化，则应多采集特征线，以确保生成的每一个 DEM 格网切准地面。

2. 编辑数字高程模型

在完成数据准备及数据获取的基础上，对已采集的特征点及特征线数据构建不规则三角网(TIN)文件，进而生成 DEM。

进行 DEM 数据编辑与精度检查遵循如下原则：

(1)DEM 格网点高程点贴近影像立体模型地表，确保等高线真实反映地貌形态，最大不超过 2 倍高程中误差；

(2)相邻航带 DEM 之间接边应有足够的重叠度，DEM 同名各网点的高程误差不大于 2 倍 DEM 高程中误差；

(3)在立体模型下采集检查高程点，用同一坐标的检测点高程值与 DEM 高程值进行比较，以此检测 DEM 精度；

(4)DEM 编辑时若有接边区域，接边数据以向量形式加载。

为提高效率，在 MapMatrix 中一般采用面编辑方式，使用系统提供的平滑、内插、拟合、定值及平均高程赋值等算法，逐块编辑；对于道路等线状要素也可以采用线编辑方式进行操作。

3. 生成数字高程模型

在完成 DEM 数据编辑与精度检查的基础上，利用软件平台中的 DEM 转换工具，生成以航带为单位的 DEM 数据，数据格式为"＊.dem"。

4. 接边与拼接数字高程模型

系统自动对重叠区域内格网点进行高程较差统计分析，2~3 倍高程接边误差的点位应控制在 4% 以内，不得出现 3 倍以上误差点。一旦发现，需进行修测，符合限差要求后再进行像对 DEM 接边，取平均值作为重叠区域内的数据值。

数字高程模型拼接注意事项如下：

(1)检查 DEM 拼接线，判断有无漏洞区。若有漏洞区，应分析其原因并填补漏洞，再执行拼接。

(2)拼接时，取所有参与相对接边的同名格网高程点的均值作为格网点高程，再输出整区 DEM。

(3)拼接过程中，注意分析 DEM 拼接的中误差和误差分布统计数据，尽量减少误差大于 2 倍中误差的情况。

(4)拼接后的 DEM 数据应连续，不能有错位现象。

拼接无误后使用 DEM 裁剪工具，加入拼接后的"＊.dem"数据，并导入图库轮廓范围矢量文件，进行 DEM 分割裁剪。

5. 控制数字高程模型质量

首先在已建 DEM 中内插出检测点的高程，然后利用航空摄影测量像控点点库以及外业 RTK 采集的点位高程，对散点进行检查。利用 ArcGIS 软件，检查内插高程点与原始高程点之间的偏离量，要求在规定范围内。相邻存储单元的 DEM 数据应平滑衔接。对于水域，需检查静止水域内 DEM 格网点高程是否保持一致，流动水域上下游 DEM 格网点高程是否呈梯度下降。高程较差统计分析，较差较大，则需返回到立体模型进行上机检查，实时观察生成的 DEM 点位是否切准地面。如果 DEM 与地面模型的高程差在 2 倍中误差以上，必须进行重测。

DEM 质量检查还包括数据文件检查和数据完备性检查。检查数据文件中 DEM 数据文件命名、数据格式、数据分幅、数据格网尺寸是否符合要求。数据完备性是指检查 DEM 数据覆盖范围有无不满幅、数据有无遗漏等问题，要求相邻存储单元之间数据完整，不得出现漏洞，DEM 数据覆盖整个区域范围，接边范围数据具有一定重叠度。

6. 操作示例

以普通框幅式影像数据为例，完成核线重采样和影像匹配，就可制作 DEM，具体步骤如下。

▸核线重采样及影像匹配

1）DEMMatrix 简介

DEMMatrix 是显示和编辑 DEM 的模块，不能直接生成 DEM 文件。与 MapMatrix 主界面类似，DEMMatrix 界面如图 7-6 所示。

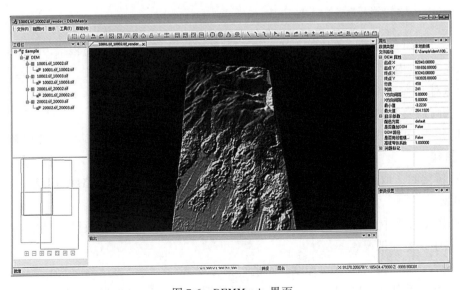

图 7-6　DEMMatrix 界面

工程浏览窗口：如图 7-6 左侧，采用直观的树状结构对工程中所涉及的项目进行具体的管理，下方显示当前添加工程的模型分布情况。

主作业区：如图 7-6 中间，该窗口显示方式与 Windows 多窗口显示方式类似，即支持同时打开多个窗口。单击显示区域上方的选项卡，可以在各个已经打开的窗口间任意切换。

属性窗口：如图 7-6 右上侧，当选中 DEM，属性窗口便显示其基本信息属性，如 X 间距等。

参数设置窗口：如图 7-6 右下侧，在添加特征线或使用编辑功能时，可在该窗口中设置参数，如设置特征线闭合等。

2）制作 DEM

（1）选中一个立体像对。

（2）创建 DEM 节点。系统在工程浏览窗口创建一个 DEM 名称，该名称与模型名称一样。

（3）生成 DEM 文件。选中 DEM，在右侧对象属性窗口中修改 X 方向间距、Y 方向间距，系统自动完成 DEM 生成。

（4）DEM 三维浏览。选择 DEM，启动"三维浏览"。

（5）编辑 DEM。选择 DEM，启动"平面编辑"，如图 7-7 所示。

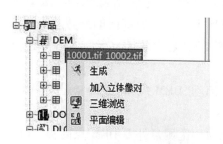

图 7-7　DEM 的右键菜单

3）加载 DEM

（1）装载工程文件或加载 DEM 文件。在"装载工程"命令下，选择"xml"工程文件。也可启动"打开本地 DEM"命令。

（2）DEM 文件说明。加载 DEM 文件后，在原 DEM 路径下生成与 DEM 同名的文件夹，如图 7-8 所示。三维浏览、平面编辑和立体编辑，并不是对原 DEM 文件进行操作，程序在此文件夹下把 DEM 文件先转换成同名的 demx 文件（二进制文件），然后对 demx 文件进行编辑，结果同样保存在 demx 文件中。在 DEM 节点上右键选择"导出 DEM"，才能将编辑后的结果保存到 DEM 文件中，如图 7-9 所示。

4）三维浏览

（1）属性界面参数说明：

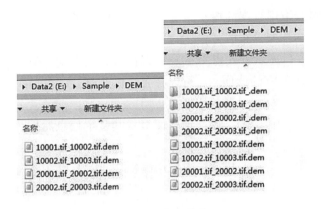

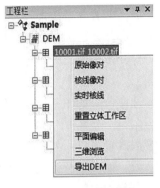

图 7-8　同名文件夹　　　　　　　　图 7-9　DEM 编辑保存

配色方案：有 3 种不同的着色方式显示 DEM。

是否叠加 DOM：若存在与 DEM 对应的正射影像（DOM），可叠加进来。

是否用线框模式渲染：用格网形式显示 DEM。

高程夸张系数：系数为 1，表示显示真实效果。选择大于 1 的系数，地形看起来更陡峭；选择小于 1 的系数，地形看起来更平坦。不同的夸张系数只控制立体显示效果，而不改变真实的高程值。

（2）三维视图基本操作：在图 7-6 的主作业区内，选中作业区 DEM 图像，按住左键上下、左右移动，实现 DEM 上下、左右方向的旋转。滚动中键，可以缩放 DEM。按住右键上下、左右移动，改变 DEM 透视效果。

5）平面编辑

（1）编辑区域的选择。启动"DEM 编辑"，绘制想要编辑的闭合区域。可以规则，也可以不规则。

（2）匹配点内插。根据选中区域最外围 DEM 点高程，赋值给所选闭合区域里点的高程。先绘制选区，然后启动"DEM 编辑""匹配点内插"命令，即可处理。

（3）局部平滑。对选中区域 DEM 做圆滑处理，使之过渡自然，如图 7-10 所示。等级越高，平滑度越大，如图 7-11 所示。

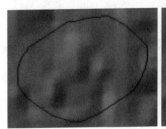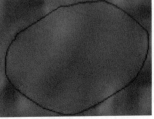

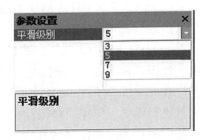

图 7-10　平滑前后对比　　　　　　　图 7-11　平滑级别

6）检查 DEM

编辑 DEM 后，一般需要检查 DEM。启动"加问题标记"命令，在立体上确定起点、绘制范围，结束绘制即可添加问题标记。

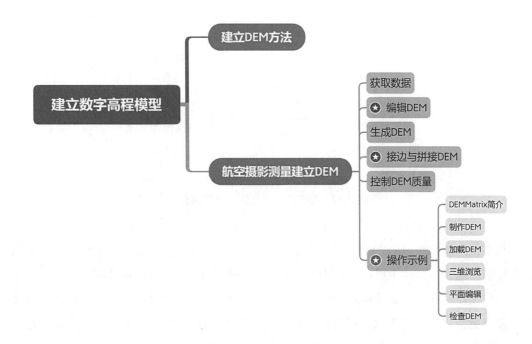

任务 7.3　制作数字正射影像图

7.3.1　数字正射影像图含义

随着全数字摄影测量系统的普及和使用，航测内业生产已不再仅仅停留在提供地形图了。大多数的测绘生产项目要求同时提供 DEM、DOM、DLG 配套产品，特别是大比例尺测绘项目，甚至还要求能提供整个测区的正射影像挂图。

数字正射影像图（Digital Orthophoto Map，DOM）是利用数字高程模型（DEM）对经扫描处理的数字化航空像片（或数字航空影像），经逐像元投影差改正、镶嵌，按国家基本比例尺地形图图幅范围剪裁生成的数字正射影像数据集，制作思路如图 7-12 所示。

无论是大飞机获取的数字航空影像、无人机拍摄影像，还是卫星拍摄的遥感影像，都会因为传感器的成像方式、外方位元素的变化、地形起伏等因素，造成影像存在几何变形，影像各处的比例尺不一致，相关方位发生变化。影像正射校正就是为了消除图像中的几何变形，产生一幅符合某种地图投影或图形表达要求的新图像，保证图形与实际形状完全相似，比例尺处处一致，相关方位保持不变。因此，数字正射影像图不仅具有地形图的几何精度，同时还具有影像特征，是基础测绘产品之一，也是地形级实景三维建设的底图。

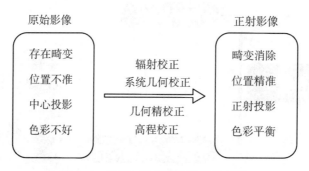

图 7-12　数字正射影像图的制作思路

　　数字正射影像图（DOM）精度高、信息丰富、直观逼真、获取快捷，可作为地图分析背景控制信息，也可从中提取自然资源和社会经济发展的历史信息或最新信息，为防治灾害和公共设施建设规划等应用提供可靠依据；还可从中提取和派生新的信息，实现地图的修测更新；评价其他数据的精度、现实性和完整性都很优良。DOM 广泛应用于地图导航、数字化城市建设、农业保险分析、水体分析等各个行业。

　　由于获取制作正射影像的数据源不同，以及技术条件和设备的差异，数字正射影像图的制作有多种方法，主要包括下述三种方法：

1. 全数字摄影测量方法

　　通过数字摄影测量系统来实现，即数字影像对进行内定向、相对定向、绝对定向后，形成 DEM，按反解法做单元数字微分纠正，将单片正射影像进行镶嵌，最后按图廓线裁切得到一幅数字正射影像图，并进行地名注记、公里格网和图廓整饰等。

2. 单片数字微分纠正

　　如果一个区域内已有 DEM 数据以及像片控制成果，可直接使用该成果数据制作DOM。主要流程：扫描航摄负片，根据控制点坐标进行数字影像内定向，再由 DEM 成果做数字微分纠正，其余后续过程与上述方法相同。

3. 正射影像图扫描

若已有光学投影制作的正射影像图，可直接对光学正射影像图进行影像扫描数字化，再经几何纠正就能获取数字正射影像的数据。

数字正射影像图制作流程如图 7-13 所示。

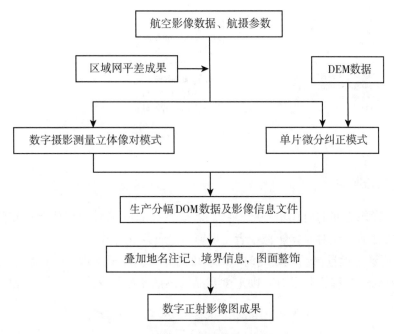

图 7-13　数字正射影像图的制作流程

7.3.2　制作数字正射影像图

1. 生成数字正射影像图

如图 7-14 所示，启动"新建正射影像"，创建"DOM"的保存路径及文件名，其名字与 DEM 一样。

2. 编辑数字正射影像图

启动"编辑"命令，由于正射影像的某些区域会出现变形，如模糊、重影，可通过纠正过的原始影像对该正射影像进行修复。

▶ 制作 DOM

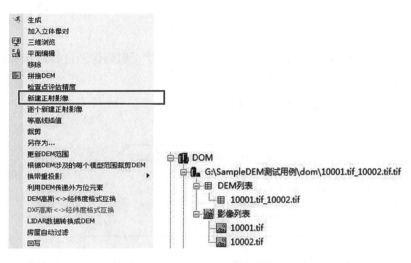

图 7-14　创建 DOM

3. 匀光原始影像

由于每张影像之间的色调不一致，我们希望镶嵌成图幅后得到色调一致的成果，所以在进行拼接之前，应对原始影像或者正射影像进行匀光操作。

图 7-15 所示是批量自动化处理匀、纠、拼的界面，可根据批处理内容选择第一排的项目。最好有匀光工程，若没有，则至少要提供一张参考影像。

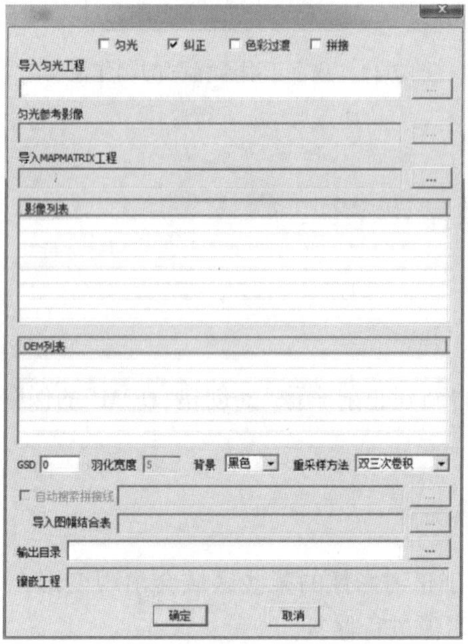

图 7-15　新建匀、纠、拼工程

影像匀光时，需要选取参考影像。参考影像可以从被匀光影像中剪切一小块区域，并将其色调调整为期望的色调。具体参数说明如下：

（1）GSD：设置纠正 DOM 的分辨率；

（2）羽化宽度：默认为 5，不要太大；不合适时，可在编辑镶嵌线时再设置；

（3）重采样方法：推荐双三次卷积，但如果项目有要求，则按要求进行设置；

（4）自动搜索拼接线：若存在 DSM 或 DXF 矢量文件，可勾选。程序自动搜索镶嵌线，可绕开房屋等地物，从而减少编辑工作量。

4. 纠正正射影像

数字正射影像图（DOM）是利用数字高程模型（DEM）采用数字微分纠正技术改正原始影像的几何变形，从原始中心投影的数字影像制作成正射投影的影像，所以 DEM 制作质量的好坏会直接影响 DOM 精度。

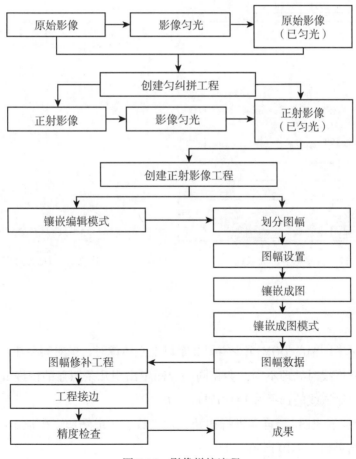

图 7-16　影像拼接流程

5. 拼接正射影像

利用 MapMatrix 软件的 EPT 模块，拼接流程如图 7-16 所示。根据设计书要求设置 GSD 参数，重采样方法选择生成单片正射影像并添加至镶嵌工程，程序根据 DEM 的范围将涉及的影像全部纠正为单片正射影像，所有的单片正射影像生成完毕后就切换到创建正射影像工程，如图 7-17 所示，完成影像拼接工作。

创建正射影像工程，效果如图 7-18（红色方框为加载的每张 DOM 边界范围）。做批处理拼接的工程，需要准备"dxf"格式的结合表文件。

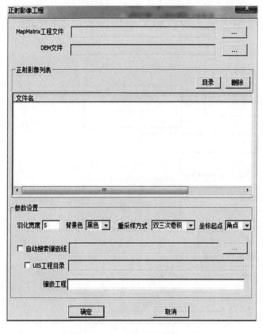

图 7-17　新建正射影像工程

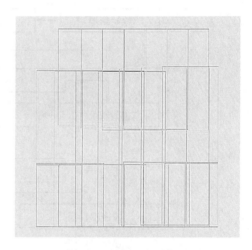

图 7-18　DOM 边界范围

6. 镶嵌图幅

制作一幅标准图幅的 DOM 至少需要 2 个以上立体像对，像对间存在灰度反差，在对重叠区域选择镶嵌线时处理不当，会在同一幅图中出现几条明显的镶嵌缝，造成视觉上的不接边，所以镶嵌线的选择对 DOM 质量至关重要。

软件启动"镶嵌成图"，自动进行初始化镶嵌线、生成图幅、生成金字塔影像操作，处理完毕后，结果如图 7-19 所示。

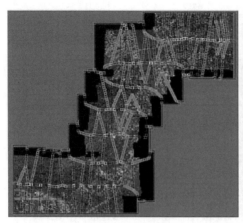

图 7-19　DOM 镶嵌线和正射影像图

1）划分图幅

（1）批量划分图幅。如图 7-20 所示，图中坐标范围为实际加载影像的左下角和右上角坐标值，通常由程序自动获取，只需要修改起点坐标值。因为通常矩形图幅的起点坐标都是整公里格网，所以需要将起点坐标修改为整公里的倍数，否则划分的图幅坐标会带有小数，名称也会带有小数（特殊要求的除外）。

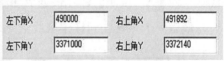

图 7-20　划分图幅界面和起点坐标设置

参数设置完毕后，程序按照设定好的参数生成图幅，效果如图 7-21 所示。

（2）导入结合表。启动"导入结合表"，内容如图 7-22 所示。需要具有 DXF 格式的结合表文件，然后分别指定相应的图廓层和图名层。

2）编辑镶嵌线

（1）简单编辑。如图 7-23 所示，点击按钮，切换到镶嵌线编辑状态，当鼠标移动

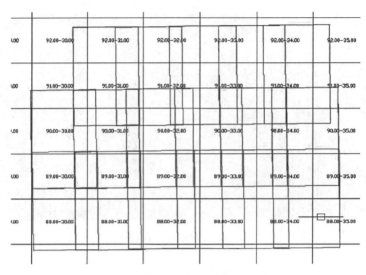

图 7-21　矩形图幅

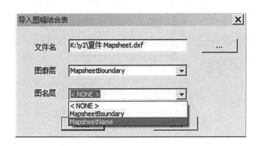

图 7-22　导入结合表

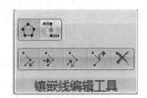

图 7-23　镶嵌线编辑工具

到镶嵌线上时会有一个黄色框(▢)出现在镶嵌线上，说明该线可进行操作。点击后，黄色框变成红色框 🔴，说明已经在该处成功添加了一个节点数据，然后依次添加其他各点，结束时将最后一个点落在同样镶嵌线上。编辑截图如图 7-24 所示。

图 7-24　编辑前、后的截图

（2）跨关键点编辑。视图窗口中多个影像交汇的点称为关键点。程序通常将关键点用白色标识，主要有四度重叠点的编辑、三度重叠点的编辑。

7. 修补图幅

编辑镶嵌线时，对于图幅中存在的问题区域，在镶嵌线编辑完成后，进入到图幅编辑模式，可选用正射影像修补和原始影像修补两种方式对问题区域进行修补。

1）正射影像修补

修补模型设置为正射影像模型，对有问题的房子绘制一个范围线，结束命令后形成闭合面，同时也会使用新的正射影像替换选区里的影像数据，如图 7-25 所示。

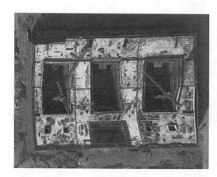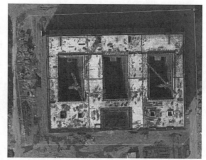

图 7-25　正射影像替换前后对比图

2）原始影像修补

按上述操作方法，先形成闭合面，然后使用原始影像替换选区里的影像数据，如图 7-26 所示。

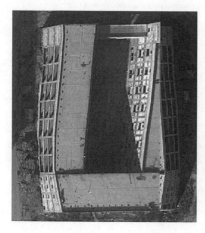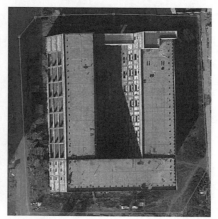

图 7-26　原始影像替换前后对比图

需要指出的是，原始影像通常适合由于 DEM 本身没有编辑好，引起的 DOM 变形或拉花的修补，所以如要使用原始影像修补，在工程设置中必须指定 Mapmatrix 工程文件和 DEM 文件，否则不能正常使用该功能。

3）调整色彩

有些情况下，即使用了颜色匹配，显示的颜色依然不是很好，此时可使用色彩调整工具对局部颜色进行调整，工具如图 7-27 所示。

图 7-27　色彩调整工具栏

8. 工程接边

将需要接边的所有相邻图幅拼接，合成一个大的图幅。拼接过程中，依然使用修补、调色等图幅编辑功能对图幅进行修改。再将合并后的大图幅裁切成标准图幅的正射影像图。

（1）创建工程。启动图幅接边命令，分别选取"＊.opj"文件，操作界面如图 7-28 所示。工程创建完毕后生成金字塔影像。

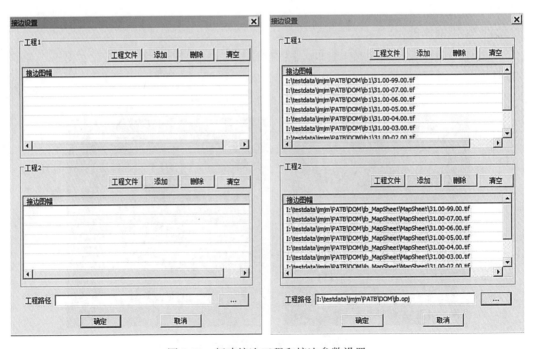

图 7-28　新建接边工程和接边参数设置

172

（2）添加接边线。框选工程中的部分影像区域，绘制接边线，如图 7-29 所示，结束时，程序会闭合成面。镶嵌成图命令执行完毕后，程序开始初始化镶嵌线。

图 7-29　绘制接边线

（3）编辑接边线。由于通常接边图幅都没有重叠区域或重叠区域很小，所以边界上的镶嵌线基本上不能移动。处理此种情况时，需要锁定某个方向才能正常处理，如在垂直移动关键点的时候，按住 V 键再用鼠标拖动节点；而水平方向，则需要按住 H 键。结果如图 7-30 所示。

图 7-30　编辑接边线

7.3.3　检查工程精度

1. 检查精度

量测影像上的控制点，计算其中误差来评估影像精度。打开检查点文件（标准控制点），如图 7-31 所示，未被量测的点均用红色表示。

量测控制点位置，结果会在影像视图和列表中显示，并且可在列表的右上角实时查看误差值，如图 7-32 所示。

2. 检查图幅

图幅检查分为两种方式：一种是影像与矢量套合精度检查，另一种是影像变形拉花质量检查。影像与矢量套合精度检查时，需要选择用于检查的矢量文件（dxf），通过实际

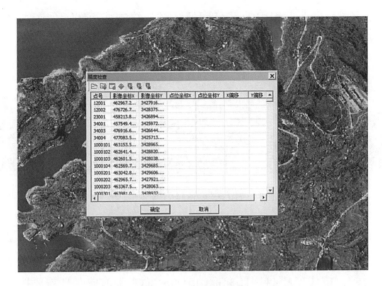

图 7-31　添加检查点

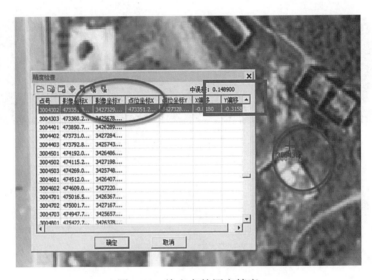

图 7-32　检查点的评定精度

坐标和影像坐标判断出相差的距离，从而判断精度高低。影像变形拉花质量检查主要是检查生成的正射影像，查看是否存在变形拉花情况，将不合格的影像问题区域进行重新修补，直到合格为止。

如图 7-33 所示，选取图幅所在路径后，程序自动将路径下所有的图幅扫描一遍，默认以第一张影像的参数做模版，将与其不一致的全部在输出信息中显示出来。

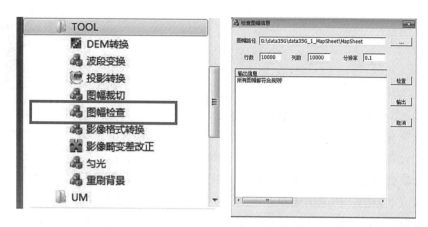

图 7-33 图幅检查程序

任务结构图

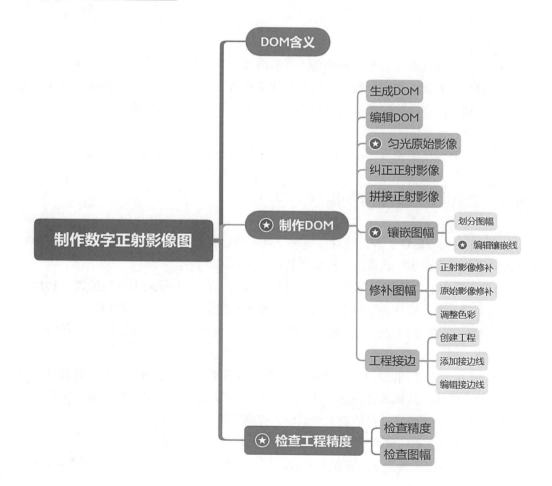

▶ 制作 DLG

任务 7.4　制作数字线划图

　　数字线划图（Digital Line Graphic，DLG）是通过各种矢量数据采集手段将地表各要素分层提取、编辑、保存各要素的空间关系和相关属性信息，全面地描述地表目标，最终以矢量的形式将地理数据存储到计算机中。数字线划图（DLG）是现有地形图的主要数据要素集，是最常见的数字测图产品，能存储各要素的空间关系和相关属性。该数据可以分层、快速生成专题地图，在数字城市建设中扮演着重要的角色。

　　数字线划图（DLG）采集已有比较成熟的技术，但存在多种数据采集方案，不同的设备可以采用不同的生产技术。几种常用的采集方法主要有：数字立体摄影测量、解析或机助数字化测图、地图扫描矢量化或手扶跟踪数字化、从数字正射影像上获取矢量数据和实测获取矢量数据。

7.4.1　准备工作

　　准备工作包括仪器准备和资料准备。资料准备内容包括像片影像数据、像片控制点成果、航摄相机数据、加密控制点成果和经加密求得的各种参数。像片控制点和加密控制点成果由加密工序经数据接口程序直接传输给测图工序，减少数据录入过程中的人为差错。

　　按照测区数据标准要求制定测图过程数据标准，以方便数据转换与编辑。

7.4.2　制作数字线划图要求

　　（1）原则是内业定位、外业定性。地物、地貌测绘应无错漏、无变形、无移位。形状为圆或圆弧的地物应运用软件内绘圆弧工具切准外轮廓线测绘。

　　（2）测不到房基的房屋可测绘房顶。测绘房顶时，在图上应采用不同的方式加以区别，以便编辑工序辨认并进行房檐改正。不需改房檐的房屋用正规房屋符号。

　　（3）对宽度不依比例尺的线状地物，测图时测绘中心线，宽度依比例尺表示的符号一般测绘边线。

　　（4）等高线测绘要用测标切准立体模型描绘。在等倾斜地段，允许只测绘计曲线由软件自动插绘首曲线；其他地区在测绘计曲线并加上必要的地形特征线和加测地形特征点高程后，才可插绘首曲线；在地貌破碎地段，等高线不允许插绘。

　　（5）高程注记点要切读两次，读数较差不大于 0.2m 时取中数。

　　（6）测图一般以图幅为单位。像对间地物接边差最大不得超过地物点中误差的两倍，等高线接边差不应大于一个基本等高距，高程注记点的接边差不得超过高程注记点的中误差。

（7）每个像对测图完成后，应与相邻像对接边。接边差在限差以内的各改 1/2，超限的，应查明原因后再作处理。接边完成后，必须将像对图形文件进行备份，然后把图幅所需的像对拼接成一个图形文件，再按图廓坐标进行图幅裁切。图幅裁切时，注意不切割点状地物、注记。

（8）测图时，应尽量按数据标准判测地物要素，不能准确判定要素代码的，用相近的代码测绘。

7.4.3　制作数字线划图

利用采集到的影像、相对应的像控点文件和相机文件，在 MapMatrix 中进行空中三角测量、自动相对定向得到空三加密结果，再依据空三加密的结果进行立体像对创建。创建 DLG 文件时，使用 MapMatrix 的 Feature One 模块进行最后的测图采集。

1. 构建立体像对模型

1）准备

（1）采集影像：使用航空摄影机采集影像。

（2）制作相机文件：可使用野外采集相机的相关数据进行制作，也可使用相关软件获取，如使用 PhotoScan 软件的相机检校模块自动生成相机文件。

（3）制作像控点文件：像控点文件是摄影测量处理中极关键的部分，其制作质量直接影响后期内业影像处理的精确性、效率及质量。将外业测得的控制点文件转化成 MapMatrix 可识别的像控点文件格式，然后导入，如图 7-34 所示。

图 7-34　导入控制点

控制点符合测图要求再进行地物采集。在采集前，要确定每个模型可采集矢量的最优范围，最好在控制点以内，因为靠近边缘处精度会有所损失。

2）建立立体像对模型并自动相对定向

单张影像不能确定三维空间坐标，而双像解析摄影测量则可以通过解算空间三维坐标、利用数学方法建立立体像对，从而获得地面点的空间坐标。

立体像对的相对定向是根据立体像对内在的几何关系恢复两张像片之间的相对位置和姿态，使同名光线对对相交，建立与地面相似的立体模型。同时，相对定向基于左右两张影像，可以确定左右两张影像的位置关系、消除上下视差。

2. 采集数字线划图

在 MapMatrix 中进入 Feature One 模块进行测图数字化采集。创建 DLG 文件后，载入相应立体模型，如图 7-35 所示。在 3D 立体视野中进行矢量信息的提取及地物编辑。

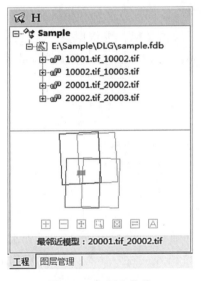

图 7-35　打开立体像

地物采集次序由地物的主次关系、采集速度、方便程度、美观程度、不易丢漏等多因素决定，不同的人也会有不同的采集顺序，表 7-1 列举的采集顺序较为普遍。

表 7-1　地物采集顺序表

顺序	内 容	地 物 描 述
1	水系	池塘、沟渠、桥、人行桥、涵洞等
2	居民地及设施	房屋、围墙、台阶、楼梯、围墙、栅栏等
3	交通	铁路、等级公路、高速公路、国道、省道、县道、乡道、小路等
4	管线	电杆、电线架、电塔、污水鼻子、下水管线、污水管线等

续表

顺序	内容	地 物 描 述
5	植被与土质	田埂、地类界等
6	地貌	斜坡、陡坎、等高线等

1)水系

(1)河流的水涯线需采集。当水涯线与直立式堤、防洪墙等线状地物共边线时,水涯线应与其重合绘制。水涯线与陡坎线在图上投影距离小于 1mm 时,绘制水系坎线、水涯线可省略。当岸边线与水涯线之间的高差大于 0.5m,且水涯线与岸边线在图上的间距大于 1mm 时,应加绘陡坎或斜坡,加绘的陡坎或斜坡应放在水系层。

(2)岸线变化的河流、湖泊、水库、池塘,及宽度变化在图上 2mm 以上的,应修测。

(3)当水涯线遇到水上悬空建筑,如房屋、桥梁、水闸、各种柱廊(钓鱼台、公园中建在水中的柱廊等)时,水涯线不绘制。当水涯线遇到输水槽时,水涯线应保持连续。

(4)河流与湖泊及其包含的桥、闸、码头等,除准确表示其实际位置外,当有名称时,应调注。调绘主要河流大型水闸时,要标注建材性质和闸门孔数。

(5)水渠测注渠边和渠底高程。堤坝测注顶部和坡脚高程。时令河测注河床高程。

(6)泉、井测注出水口或井台高程,河流、湖泊水位点高程需根据航片测注,跟水系相关的高程注记放置于水系层。

2)居民地及设施

居民地及设施的采集以由高到低,由主到次,低的房屋要捕捉到高的房屋上为原则,如图 7-36 所示。

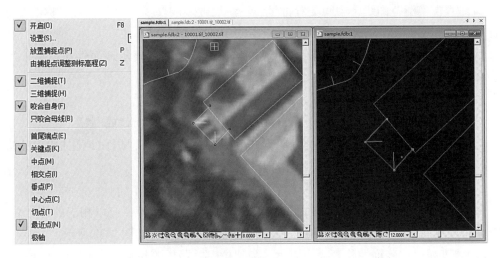

图 7-36　采集居民地

（1）内业测绘各类房屋的外轮廓线，城区外业要调注房檐宽，房檐宽度大于图上0.20mm（含0.20mm）的均要量注、修改，房屋一般以墙基外角连线的几何图形为准，其他区域不做要求。房屋的凹凸拐角处，图上超过0.4mm时要表示，简易房屋超过图上0.6mm要表示。多层住宅的单个悬空阳台可不表示。

（2）各类房屋均应调注层数，平房在图上不注层数，图内未注层数的房屋均为一层。

（3）房屋一般不综合，应逐个表示。不同层数、不同高度、不同建筑材料的房屋需分别独立表示。

（4）集镇街道两侧不正规的石棉瓦小雨棚、临时建筑物、售货亭等不表示。机关、企事业单位内正规的停车棚图上大于6mm²的，用棚房符号表示。

（5）室外楼梯长度大于图上2mm时要表示。除较大单位房屋入口处的台阶表示外，居民住宅房基前的台阶不要表示。垃圾台不表示。

（6）农村居民地房前屋后用于饲养和堆放杂物的房屋一般用简易房表示。

（7）门牌号择要表示。

（8）当加固坎上建有栏杆，且无法按真实位置表示时，坎顶线与栏杆线分别表示，栏杆符号上的短线应向坎上方向绘置，分别在不同层中表示。同理，河岸、路边线与坎顶线，也应在不同层上分别表示。

（9）凡依比例尺的烟囱、水塔、纪念碑、塑像、宝塔、微波传递塔等独立地物，实测范围线，范围线内加绘地物符号表示，插入符号的位置即为此地物的中心位置。不依比例尺表示时，地物中心点与符号定位点在图上必须一致。

（10）城市主要道路、广场、桥梁、企事业单位等突出的杆柱装饰性路灯，应视图面负载情况择要表示，其他地区一般不表示。单位内沿街起亮化作用的照射灯一般不表示。

（11）独立的邮筒、电话亭、信息亭、报刊亭等择要采集。

（12）坟群实测范围线，中间配置符号，不注坟数。散坟择要表示，有名称的墓地要加注名称。

（13）居民地及企事业单位内图上大于2cm²的硬质地面要表示地面性质，小于2cm²的一律不表示。

（14）季节性谷场不表示。

（15）正规厕所与牲口圈大于图上6mm²的要表示，并注记"厕"或"牲"。

（16）未封顶的建筑区域以"地类界"形式表示其范围，并以"居民地注记"形式标明"施工区"字样，有所属单位的，需标明所属单位。

3）交通

（1）公路及其附属建筑物，如桥梁、涵洞、路堤、汽车站等，应以相应的符号表示。涵洞面由虚线线型和实线线型组成，实线线型与水系面相交，如图7-37所示。

（2）高架桥上的装饰性路灯择要表示。高架桥、公路桥等桥梁有名称的，应该调注。但不调注建筑材料性质。

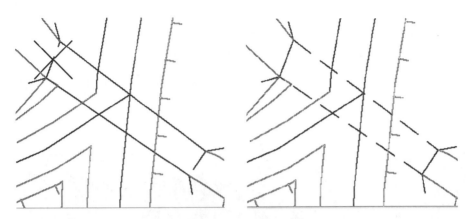

图 7-37 修改前与修改后的涵洞

（3）公路进入市区或通过街区式居民地，公路符号则以街道线代替，调绘时，可依据实地情况如实选择变换处。高等级道路快、慢车道的中间绿化岛、隔离带，依比例尺用实线表示，并加绘相应植被符号。

（4）当公路平面相交时，铺面与路基线对应相接。当高等级公路与低等级相交时，高等级公路铺面线不间断，相交接在高等级公路的路基线上。次要街道可用各类地物实际存在的边界线表示。当乡村路较密集时，可视通行情况择要依小路表示，但应成网，并反映出疏密特征。

（5）当公路、大车路、乡村路通过依比例尺的大堤时，路、堤应分别表示。

（6）铁路在 1∶500、1∶1000 比例尺图中使用依比例采集铁轨宽度，而在 1∶2000 比例尺图中则用不依比例。

当采集十字路口或者丁字路口时，采集完后，需使用编辑功能把道路修完整，如图 7-38 所示。

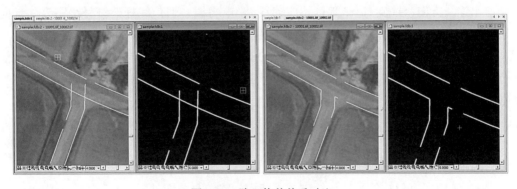

图 7-38 路口修剪前后对比

4）管线

（1）管线要求准确反映实地点位和走向特征。高压铁塔或杆、成排的低压电杆与通信线杆应准确表示方向和拐点，通向乡镇企业单位、学校、村委会的支线杆也要表示。依比例时，采集实际底部；不依比例时，则点击底部指明电线的方向即可，如图 7-39所示。

图 7-39 采集电杆

竹竿和临时拉向建筑工地、田间、农村居民地内部的少于 3 根的支线等电杆可不表示。

城市建筑区内电力线、通信线在图内不连线，但应在杆架处或转折、分岔处和内图廓处绘出连线方向(注意：其他地区均应连线)。电力线、通信线杆架符号绘完整，走向必须准确。多种线路共杆时，只表示高级线路的符号。

（2）管道用相应符号表示，当架空管道的支柱或墩密集时，可以取舍，跨越建筑物或转折处的支柱必须准确表示。当多根管道并列时，只表示主要管道，不注记管数，注主要管道的性质。

（3）有管堤的管道在图上大于符号尺寸的，依比例尺表示，并测量其管堤宽度，作为管道属性输入。

5）植被与土质

（1）区域内所有植被符号一律绘出，不使用省略符号或图外附注。稻、麦轮作田，以稻田符号表示。果园面积大于图上 1cm^2 时，需加注果树名称，如"苹""梨"等。图上面积大于 2cm^2 的菜地应表示。

（2）沿堤、道路等线状地物两侧的行树要表示，起止位置要准确。居民地周围、塘边与地头的散树可适当表示，符号绘在树冠范围内。

（3）花池与花圃宽度大于图上1mm或长度大于图上5mm的，均要表示。

（4）沿河、沟或较大池塘内的水生作物及芦苇，按实际范围配置符号，居民地周围的竹丛、草坪以实地范围表示。

（5）田埂在图上宽度大于1mm的，以双线表示；小于或等于1mm，以单线田埂表示。

（6）两个田块高差小于半个等高距，是田埂；大于半个等高距，则是田坎。如图7-40所示。

图7-40　采集田坎

（7）山地套种或混合生长的园林地，一般可单选或复选其中主要的品种调注。

6）地貌

（1）高架、立交及无法进入的封闭式高等公路，其桥面及路面高程采用航测内业方式采集，其中不同层次的桥面高程以备注方式区分不同层，如注记"500.2（1）"表示第一层的桥面高程，"505.2（2）"表示第二层的桥面高程。

（2）地貌以等高线配合地貌符号表示，街区、居民地内以及平坦地区的水稻田不绘等高线。有明显起伏的旱地、土垄应测绘等高线，计曲线的数字注记字头需指向高处，示坡线指向低处。

（3）斜坡、陡坎应区分未加固和加固两种。陡坎是形成70°以上陡峻地段，70°以下用斜坡表示。斜坡符号长线一般绘至坡脚，坡脚线可以是坡脚的地物，没有地物时，使用地类界封闭，如图7-41所示。斜坡在图上投影宽度小于2mm时，以陡坎符号表示；坎的比高大于0.5m以上时，画上棱线，坎齿朝下，并测注坎上、坎下高程。

图 7-41　采集斜坡

（4）区分依比例尺和不依比例尺的土堆、坑穴、洼地，并量注高程。

（5）梯田坎坡顶与坡脚间的投影宽度在图上大于 2mm 时，宽度依比例尺表示，梯田坎过密，两坎间距在图上小于 8mm 时，可适当取舍。

等高线采集时，先采集计曲线，然后绘制首曲线。当地貌比较平整，计曲线走势比较圆滑时，可以使用曲线内插功能内插首曲线。地形平坦的地方内插完首曲线后，复杂的地方进行曲线修测即可，除遇到陡坎、斜坡类的地物咬合上之外，必须保证每一条曲线都是连续完整的，如图 7-42 所示。

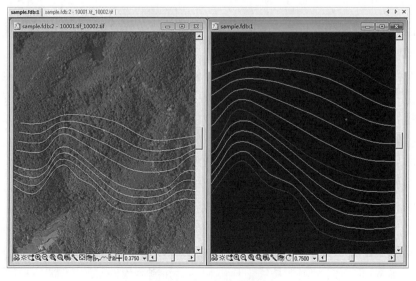

图 7-42　内插首曲线

绘制完曲线后，一般应在谷地、山头表示示坡线。凹地的最高、最低一条等高线也应该表示示坡线，它与等高线垂直相交，如图 7-43 所示。

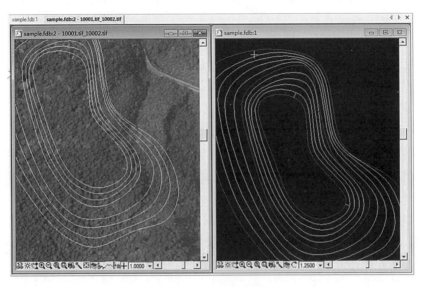

图 7-43　内插首曲线

绘制好等高线后，再采集高程点。先采集地貌的特征部位，如山头、鞍部、道路交叉口、田块等。当特征部位采集完后，再采集其他部位的高程点。采集时，要均匀分布，不要出现很大一块没有高程点的情况，如图 7-44 所示。

图 7-44　采集高程点

7）注记

（1）注记主要包括地理名称调注、说明注记和数字注记。居民地名称和城区的主要街、巷、路名均以实地的名牌、门牌为准调注。当居民地较大或跨图幅时，可分别注记。

（2）机关、企事业单位当一院多单位时，应选择主要单位注出，若名称较长，可简略注出。机关、企事业单位隶属部分(省、市、镇)可省注，但应防止重名，较大工厂内的主要车间应尽量调注名称。

（3）街道名称注记方向。当街道方向与南图廓线交角大于45°时，注记字向与街道方向平行，交角小于45°时，注记字向与街道方向垂直。

（4）图内各种注记的规格、字体、字列、方向、字距均按照《图式》执行，不得互相压盖，要保证各种符号的完整性，一个注记必须是一个完整的字符串，不能随意拆散。图廓角的纵横坐标注记以 km 为单位，其余坐标方格线不注记。

注：对于军事驻地、军事设施、军事专用公路、专用输电线等保密数据均须按规定处理，降级、伪装或不表示，同时做好与周围图的接边工作。

3. 质量特性及检查

数字线划图的质量特征主要是成果的可靠性和精度。数字线划图将地形图进行数字化，其制作方法以及用途与传统纸质地形图有所区别，主要应用于 GIS 的构建，因此，不仅要对其位置精度、要素完整性及其正确性做检查，同时也要对其数据属性精度、数据分层、要素代码等项目进行检查。

（1）位置精度：主要是平面精度及高程精度，通常可在立体模型中通过人机交互方法得到差值，根据得出的误差值做评定。检查点的个数以图形的复杂程度以及地图比例尺等决定，每幅线划图一般选取 20~50 个检查点。检测过程中，应将检查点均匀地放置在地形图上，并选择较易识别的地物。

（2）属性精度：是描述空间实体的属性值及其与真值相吻合的程度，通常用文字、符号、注记等表示，比如地形图中建筑物的结构、层数、各要素的编码、层、线型等。

（3）逻辑一致性：是指线划图上各要素的表达与现实世界的吻合性。要求线划图中各要素要符合逻辑规则，比如图形的拓扑关系及其与现实世界关系要吻合。

（4）要素完整性及正确性：是指地物没有遗漏，地物要素特征表示准确。因为数字线划图制作时会出现丢漏现象，数据格式转换的产品也容易产生要素表达不正确的问题。

（5）图面整饰：主要检查各要素的关系是否合理，有无重叠、挤压现象，注记内容、字体是否正确，位置是否合理，有无压盖，线条是否光滑、连续，图廓整饰是否符合规定等。

任务结构图

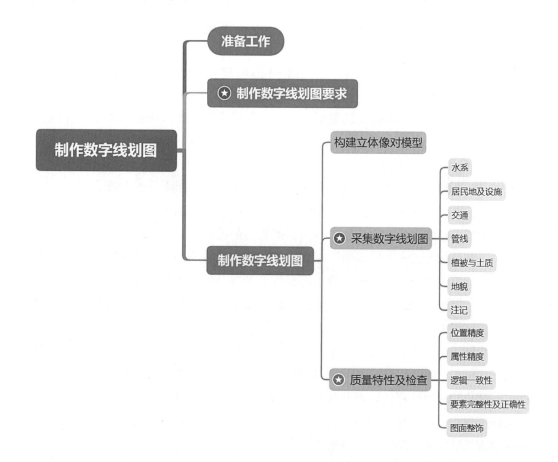

思政小课堂

保 密 意 识

高分辨率影像为国家经济建设和社会主义现代化提供了多方面的信息服务，应用十分广泛。随着影像分辨率越来越高，在更广泛、更精确使用影像的同时，还必须时刻警惕数据的安全性和保密性。

2017 年 8 月某一天，两位国家安全机关工作人员突然出现在王某办公室，经过核查取证，发现王某的计算机里有 42 份标注密级的地形图。这些地图已经被隐藏的窃密木马程序全部发往境外。这一切都是因为王某和肖某通过普通邮箱传递涉密资料造成。王某和肖某既是同事又是朋友。肖某的工作内容之一是每年做全市的工程规划布局图。因为王某擅长使用一些电脑应用软件，不会电脑制图的肖某便常常找王某帮忙绘制电子地形图。肖某从档案室借出涉密地形图后随即扫描成电子版，再通过邮箱从互联网上将图纸发送给王某。王某完成制图后，又通过邮箱将这些地图发送给肖某。如此往来，使境外间谍情报机关通过将窃密木马程序隐藏在电子邮件中实现窃取涉密信息的图谋。

地形图是现代武器精确打击的重要工具。尽管发达国家已具备很强的航天遥感技术能力，但是其绝对定位精度仍相差甚远。在无任何地面控制的空间对地观测中，定位精度为 50 米，但如果利用地形图提供的地面控制坐标(大地坐标)，则可使卫星影像定位精度提高 10 倍。因此境外敌对势力情报机构总是千方百计想得到我国地形图。

测绘数据有可公开和不可公开之分。如果数据中包含有国家秘密、商业秘密等涉密信息，不应当未经允许公开或分发。涉及国家秘密的数据关系到国家的安全和利益，若未经允许公开或分发，则可能会使国家安全和利益遭受重大损害。涉及商业秘密的数据关系到相关商业主体的财产权利，若未经允许公开或分发，可能会导致他人经济利益受到重大损失。因此，包含国家秘密、商业秘密等未经允许不得公开事项的数据，需要安全有效地加以保护。

根据我国法律，人们日常用的地图在向大众公开时要过滤掉其中有关国防军事等敏感因素，保留日常需要信息。人们平时使用的汽车、手机导航系统，有关公司产品研发后要进行严格的保密处理，送审并经过审核通过后，才可以推向市场。所以，一定要牢固树立保密意识，切记并不是所有的测绘数据都可以公开传播或使用，使用过程中必须要确保地理信息数据的安全性，避免数据泄露。

拓展与思考

(1)什么是数字摄影测量系统？现在使用的数字摄影测量系统有哪些？

(2)简述 DEM、DOM、DLG 的含义。

(3)简述摄影测量建立数字高程模型的方法。

(4)如何保证数字高程模型的建立精度？

(5)简述制作数字正射影像图的方法。

(6)正射投影与中心投影的特点是什么？

(7)如何检查数字正射影像图的精度？

(8)简述制作数字线划图的步骤。

(9)制作数字线划图的要求有哪些？

项目 8

摄影测量综合实训

☞ 项目导读

　　以某一工程项目为载体，实际工作流程为主线，详细介绍摄影测量的具体工作内容，旨在帮助读者梳理并掌握摄影测量的全部工作内容。项目重点介绍了摄影测量项目技术指标确定及航摄方案制定，强调了实施前规划设计工作的重要性。

☞ 学习指南

　　掌握摄影测量的完整工作内容与操作流程，包括技术设计、航线规划、航空摄影、空三加密、数字测绘产品制作、外业调绘及补测等；掌握常用数字摄影测量工作站的使用，以及制作 DLG 的方法；掌握摄影测量项目质量控制的方法，具备基本的航空摄影测量工作能力。

任务 8.1　准备工作

8.1.1　概述项目

　　根据××公司与××自然资源局签订的合同，××公司承担××市的市域航空摄影测量项目 1 : 2000 数字线划图生产工程，共计 1000km²。

　　主要工作内容有：像控点测量、空三加密、数字线划图内业采集、数字线划图外业调绘、数字线划图的编辑、接边及入库。

8.1.2　收集资料

　　(1)控制资料：申请 CORS 使用权，作为本区城市一级控制点的控制基础。

　　(2)像控资料：收集像控点资料，对像控成果进行检核，并根据精度进行增补。

　　(3)地形图资料：收集已有数字线划图成果，作为本次更新区域的工作底图。

（4）航空摄影资料：收集数字航空影像，地面分辨率优于 0.15m，作为本次航空摄影测量的基础影像数据。

8.1.3 收集作业依据

收集现行的各类专业规范，包括航空摄影规范、测量规范、绘图规范等，及最终经甲方审定的项目技术设计书。

（1）航空摄影类规范：《航空摄影技术设计规范》《摄影测量航空摄影仪技术要求》《航空摄影仪检测规范》《低空数字航空摄影规范》《航空摄影成果质量检验技术规程第 1 部分：框幅式数字航空摄影》《IMU/GPS 辅助航空摄影技术规范》。

（2）测量类规范：《城市测量规范》《数字航空摄影测量空中三角测量规范》《1：500 1：1000 1：2000 地形图航空摄影测量外业规范》《1：500 1：1000 1：2000 地形图航空摄影测量数字化测图规范》

（3）绘图类规范：《1：500 1：1000 1：2000 地形图航空摄影测量内业规范》《国家基本比例尺地图图式第一部分：1：500 1：1000 1：2000 地形图图式、1：500 1：1000 1：2000 地形图数字化规范》。

8.1.4 准备设备

为确保项目保质保量完成，计划使用大棕熊飞机搭载 SWDC-4 数码航摄仪（自带 IMU），执行项目的航摄任务。本项目相关的软、硬件设备如表 8-1 所示。

表 8-1　实施项目所需的设备

类型	名　称	功　能	厂　商
硬件	大棕熊	飞机	美国 Quest 飞机公司
	SWDC-4	数字航摄仪	四维远见
	AP50	POS	天宝
	GSM4000	陀螺稳定座架	德国 SOMAG
软件	ARoute	航线设计软件	四维远见
	Geolord-AT	空三加密	
	MapMatrix	绘制 DLG	航天远景
	PosPac MMS	IMU/GPS 数据处理软件	Optech
	Capture One	影像数据预处理软件	PHASE

任务 8.2　确定技术指标和规格

8.2.1　坐标系统和高程基准

坐标系统：××市平面坐标系。
高程基准：1985 国家高程基准。

8.2.2　成图比例尺及基本等高距

本项目成图比例尺为 1∶2000。
基本等高距：平地、丘陵地为 1m，山地、高山地为 2m。

8.2.3　航摄基本要求

(1)航摄种类：IMU/GNSS 辅助倾斜数码彩色航空摄影。

(2)航摄仪要求：使用载人固定翼飞行器并配备陀螺稳定平台；不少于五镜头倾斜数码航摄仪(含)，单镜头不低于 8000 万像素(含)；带有高精度 IMU/DGPS 系统。

(3)航摄影像地面分辨率：航摄影像地面分辨率应等于或优于 0.15m。

(4)影像重叠率(度)：采用大重叠设计方案，航向重叠率(度)≥70%，旁向重叠率(度)≥30%。

(5)测区覆盖：保证测区边缘区域倾斜视角影像的覆盖范围，旁向范围超出测区边界不少于 3 条基线、航向超出测区边界不少于 7 条基线。

(6)航飞时间保障：要求使用载人固定翼飞行器，并配备陀螺稳定平台。

(7)航摄时间：在规定的航摄期限内，选择对成图影响较小、云雾少、无扬尘(沙)、大气透明度好的季节进行摄影，严格按规范规定的太阳高度角要求选择摄影时间。

(8)IMU 及 GNSS 数据联合解算偏差限值：平面偏差限值为 0.08m、高程偏差限值为 0.3m、速度偏差限值为 0.4m。

(9)偏心角及线元素偏移值中误差限值：线元素偏移值平面中误差限值为 0.5m，线元素偏移值高程中误差限值为 0.5m，偏心角侧滚角、俯仰角中误差限值为 0.03°，偏心角航偏角中误差限值为 0.02°。

(10)影像要求：①各镜头影像色彩均匀，相同地物的色彩基调基本一致，能辨别与地面分辨率相适应的细小地物影像，满足三维数据生产的需要；②影像上不应有云、云影等影响建模纹理使用的缺陷。

8.2.4 精度指标

1. 空中三角测量精度指标

空中三角测量精度指标见表8-2。

表 8-2　空中三角测量航线网加密成果的精度　　　　（单位：m）

点别	平面位置中误差				高程中误差			
	平地	丘陵地	山地	高山地	平地	丘陵地	山地	高山地
基本定向点	0.6	0.6	0.8	0.8	0.2	0.26	0.6	0.9
检查点	1.0	1.0	1.4	1.4	0.28	0.4	1.0	1.5
公共点	1.6	1.6	2.2	2.2	0.56	0.7	1.6	2.4

2. 地形图精度指标

1）平面精度

内业加密点和地物点相对于邻近平面控制点的点位中误差不得大于表8-3中的规定，建筑物密集区及隐蔽起伏地区在此基础上放宽0.5倍。最大平面误差为2倍平面位置中误差。

表 8-3　平面位置中误差　　　　（单位：m）

地形　　　　项目	平地、丘陵地	山地、高山地
加密点	0.7	1.0
地物点	1.2	1.6

2）高程精度

内业加密点、高程注记点和等高线附近野外控制点的高程中误差不得大于表8-4中的规定，测区范围内的铺装道路，其高程注记点相对于邻近图根点的高程中误差不得大于±0.15m。隐蔽起伏地区可按要求放宽0.5倍。最大高程误差为2倍高程中误差。

表 8-4　高程中误差 （单位：m）

比例尺		1:2000			
地形类别		平地	丘陵地	山地	高山地
基本等高距		1.0	1.0	2.0	2.0
中误差	加密点	—	0.35	0.8	1.2
	注记点	0.4	0.5	1.2	1.5
	等高线	0.5	0.7	1.5 地形变换点	2.0 地形变换点

3）高程注记点的密度

高程注记点一般选在明显地物点和地形点上，依地形类别及地物点和地形点的多少，其密度为图上每平方分米 5~10 个，集镇区和水稻田的平坦地区每平方分米 5~8 个。一般高程注记点注至 0.1m，野外实测高程注记点注至 0.01m。

8.2.5　图形分幅编号及命名

1. 图形分幅

1:2000 比例尺地形图采用正方形分幅，图幅大小为 50cm×50cm，每幅 1:2000 地形图实地 1.0km^2。

2. 分幅编号

采用图廓西南角点的平面坐标公里数（用阿拉伯数字，以 km 为单位）编号。

3. 图名命名

本区不选图名，以图号代替图名。

8.2.6　数据格式标准

1. 数据格式

分幅提交 AutoCAD 2004 版本的"＊.DWG"格式成果数据，以及 ArcGIS 的"＊.MDB"数据成果及元数据成果。

2. DLG 要素分层设色及符号标准

1）分层设色标准

1：2000 比例尺 DLG 数据分层设色标准见表 8-5。

表 8-5　1：2000 比例尺 DLG 数据分层设色标准

序号	层名	内容	色号	备注
1	定位基础	测量控制点及注记	1(red)	
2	水系	水系及附属设施	140	
3	居民地及设施	居民地和垣栅	7(white)	
4	交通	交通及附属设施	5(blue)	
5	管线	管线及附属设施	8(gray)	
6	境界与政区	境界与政区	6	
7	地貌	地貌	5	1. 高程点、等高线等用 42； 2. 实测高程值保留两位小数
8	植被与土质	植被与土质	3(green)	
9	整饰	图廓及整饰	7(white)	
10	骨架线	骨架线、框架线	2(yellow)	

注：（1）出图时骨架线层不打印；

（2）面状要素跨内图廓边时，以内图廓边为分割线分别构面，并保证其要素本身属性一致性，不采用辅助线。

2）DLG 要素符号标准

地形图数据生产在 MicroStation V8 软件下进行，使用统一资源文件。数据进行检查后，将数据转换为"＊. DWG"格式。资源文件包括：种子文件（CDSEED. DGN）、符号库（CD. CEL）、线型库（CD. RSC），符号、线型比例为 2。

（1）点状符号：以 BLOCK 方式建立，不得炸碎，不得嵌套，不得随意定制新的符号。

（2）线状符号：

①线状地物要素、面状地物要素边界等几何线状实体只能以 LWPOLYLINE、CIRCLE、ARC 方式来表达。当等高线需要拟合时，可以使用 2DPOLYLINE，但只能采用 FIT 方式进行拟合；

②水系、公路、街道等在拐弯处视情况加点描述，可以使用圆弧，不允许拟合；

③所有要素不允许采用 SPLINE 样条曲线；

④线状符号线型由《×××市 1：2000DLG 线状要素符号表》统一提供。

（3）面状要素：需要符号化的面状要素用封闭线状要素配以点状符号填充表示。

3）注记字体

注记字体的定义见表 8-6。

表 8-6　注记字体的定义

字体样式名称	TrueType 字体	宽度比例	倾斜角度	备 注
CDXT	方正黑体简 . ttf			适用于县级以上政府驻地注记
XDXT	方正细等线体简 . ttf			适用于性质注记、其他说明注记、次干道、步行街、支道、内部路、桥梁名称和图幅整饰的测绘机关、接图表名称、坐标系、附注
ZDXT	方正中等线体简 . ttf			其他注记
ZXST	宋体 . ttf		345°	适用于水系名称的注记
BDXT	方正黑体简 . ttf	2		图幅密级
CHDXT	方正中等线体简 . ttf	0. 5		适用于比高、深度注记
YXDXT	方正中等线体简 . ttf		15°	适用于水深注记
FST	仿宋 . ttf			适用于村庄注记
CDHT	黑体 . ttf			图廓的左上角和右下角图幅注记
CDST	宋体 . ttf			适用于居民地名称说明、其他地理名称和图幅比例尺注记

注：（1）Standard 作为 AutoCAD 环境下自动生成的注记类型，成图时不使用；

（2）使用其他类型的字体需经确认。

3. 地形要素表示标准

1）地形要素分类与编码标准

地形要素采用 9 位十进制数字码，分别为按数字顺序排列的大类、中类、小类、子类码、细分类和标识码，具体代码结构如图 8-1 所示。

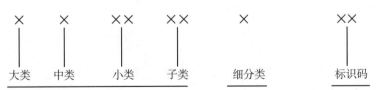

图 8-1　地形要素代码

2）DLG 要素编码及属性放置准则

（1）DLG 要素属性项定义见《××市 1：2000 DLG 要素分类与编码表》中"相关属性"一栏。

（2）DLG 要素属性放置准则，见表 8-7。

表 8-7　DLG 要素编码属性放置准则表

要素类别	实体结构字段
一般要素	AutoCAD 中"厚度"（Thickness）属性
符号块	符号块名称

其他属性项的加载规定：所有要加载的要素属性除"编码"属性项外都加载于地形要素的扩展数据（Extended Data）上，各属性的放置实体详见《××市 1：2000 DLG 要素分类与编码表》，属性字段的顺序以分类编码表中"相关属性"列的属性项的排列顺序为准。XData 数据存储原则是以 ApplicationName 和值进行配对保存。

（3）DLG 要素属性项填写准则：

①加载属性时不能加载空格等无用符号，数字字母或符号应以英文半角形式表达；

②各属性项的值域说明见《××市 1：2000 DLG 要素分类与编码表》中"采集要求"一栏的相关内容；

③所有要素均需赋予编码。所有要素除编码以外的属性项应全部录入，一般不得空缺，对调查不明的属性项，加注内容按表 8-8 填写。

表 8-8　调查不明的属性项加注内容一览表

属性项类型	文本型属性项	数值型属性型
填写方法	未知	−99

4. 数据接边

线要素以及面要素既要进行图形的接边，也要进行属性信息的接边。接边时应采用"捕捉"方式进行精确的数学接边。跨图幅的面要素在本图幅内闭合。

5. 图廓整饰

DLG 图幅数据按《1：2000 DLG 图廓整饰样式》进行图廓整饰。

任务 8.3 制定航摄方案并实施

8.3.1 设计航线

通过航摄范围和技术参数等相关指标绘制航线，设计航线的流程如图 8-2 所示。

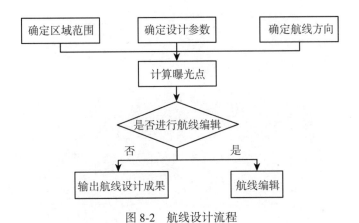

图 8-2 航线设计流程

8.3.2 明确航摄参数

1. 计算航高

本项目要求影像地面分辨率（GSD）等于或优于 0.15m，按照下列公式求得对应于 GSD 的飞行高度：

$$H = \frac{f \cdot \text{GSD}}{a} = \frac{69.983\text{mm} \cdot 15\text{cm}}{4.6\mu\text{m}} = 2282\text{m}$$

式中，H 为相对航高，f 为镜头焦距，a 为像元尺寸，GSD 为地面分辨率。

2. 航摄分区

（1）地面分辨率优于 10cm，分区内的地形高差不应大于摄影航高的 1/6；

（2）地形高差符合上条规定，且能够确保航线的直线性，分区跨度应尽量划大；

（3）根据地形类型和成图精度要求的不同，按规范的规定和数字航摄仪性能划分航摄分区，同一分区内的景物特征应基本一致。

××测区范围内高差为 18m，满足高差不大于相对航高的 1/6，因此为独立测区，无需进行分区。

3. 航线布设

根据测区范围形状，按近似东西方向布设航线，如图 8-3 所示。

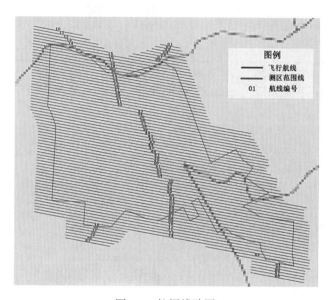

图 8-3　航摄线路图

4. 航摄范围

保证测区边缘区域倾斜视角影像的覆盖范围，旁向范围超出测区边界不少于 3 条基线，航向超出测区边界不少于 7 条基线。

5. 像片重叠度

航向重叠度 70%，旁向重叠度大于 30%。

8.3.3　实施航飞

1. 在飞机上安装相机

根据飞机摄影舱口的深度，固定相机；试曝光影像，并检查影像是否遮挡；检查

IMU/GNSS 系统设备初始化是否正常，检查 GNSS 接收机能否顺利初始化，检查航摄系统中各项参数设置是否正确。

2. 机载 GNSS 天线安装及偏心测量

机载 GNSS 天线安装时，应稳定安装在飞机顶部外表面，靠近航摄仪主光轴位置，尽量把天线置于相机中心正上方。安装位置应便于偏心分量的测量，飞机机体对 GNSS 信号造成的遮挡最小；天线在飞机平飞状态时应处于水平，尽量避免飞机无线电信号的串扰。

任务 8.4　全数字空中三角测量

采用四维远见的 Geolord-AT 软件进行全数字空三加密，过程如图 8-4 所示。

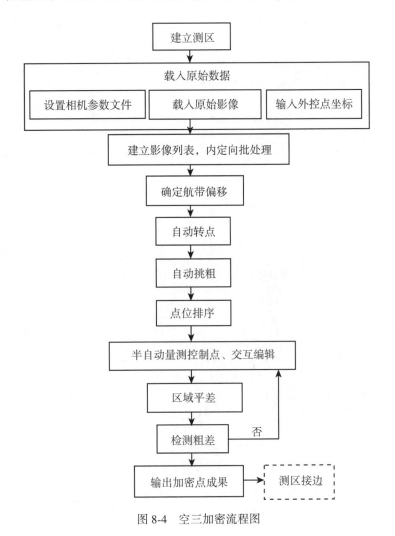

图 8-4　空三加密流程图

8.4.1 相对定向

相对定向时每个像对连接点应分布均匀，每个标准点位区应有连接点。自动相对定向时，每个像对连接点数目一般不少于 30 个。见表 8-9。

表 8-9 相对定向精度

影像类型	连接点上下视差中误差	连接点上下视差最大残差
数码航摄仪获取的影像	1/3 像素	2/3 像素

8.4.2 绝对定向

绝对定向后，基本定向点残差、多余控制点不符值及公共点较差的限差如表 8-10 规定。

表 8-10 基本定向点残差、多余控制点不符值及公共点较差

地形类别	点别	平面位置限差	高程限差
		1：2000	1：2000
平地	基本定向点	0.3	0.2
	多余控制点	0.5	0.3
	公共点较差	0.8	0.4
丘陵地	基本定向点	0.3	0.26
	多余控制点	0.5	0.4
	公共点较差	0.8	0.7
山地	基本定向点	0.4	0.6
	多余控制点	0.7	1.0
	公共点较差	1.1	1.6

加密点的中误差按下式计算：

$$m_{控} = \pm \sqrt{\sum_{i=1}^{n} (\Delta_i \Delta_i) / n}$$

$$m_{公} = \pm \sqrt{\sum_{i=1}^{n} (d_i d_i) / n}$$

式中，Δ 为多余控制点的不符值，单位为 m；d 为相邻区域网间公共点较差，单位为 m；n 为评定精度的点数。

8.4.3　区域网接边

按《1∶500、1∶1000、1∶2000 地形图航空摄影测量外业规范》要求执行区域网的接边。

(1)同比例尺、同地形类别像片、航线、区域网之间的公共点接边，平面和高程较差不大于表 8-10 中规定，取中数作为最后使用值。

(2)同比例尺、不同地形类别接边时，平面位置较差不大于 2.8m，最大不大于 3.5m；高程较差不大于两种地形类别加密中误差之和，最大不超过和的 1.25 倍；将实际较差按中误差的比例进行配赋，作为平面和高程的最后使用值。

8.4.4　空三加密

空中三角测量采用半自动作业方式，控制点量测采用人工观测。空三加密平差成果需经野外检查点验证无误后，方可供给下道工序使用。空中三角测量成果提交的格式应满足全数字摄影测量系统的要求。

任务 8.5　制作数字线划图

8.5.1　生成数字高程模型

利用 MapMatrix 软件，生成数字高程模型，如图 8-5 所示。

图 8-5　测区的数字高程模型

8.5.2　制作正射影像图

利用 MapMatrix 软件，通过纠正，得到测区的正射影像图，如图 8-6 所示。

图 8-6　测区的正射影像图

8.5.3　制作数字线划图

1. 要素采集要求

由于全区域既有更新区，又有新测区，因此在采集更新区时，应加载已有数据，全面更新变化区，对变化区域直接删除并补充更新后的数据。采集时，用颜色区分更新区和已成图区，便于外业调绘与巡视及后期编辑入库。

采集依比例尺表示的地物符号时，应以测标中心切准轮廓线或拐点连线；采集不依比例尺表示的地物符号时，应以测标中心切准其定位点、定位线，对模型不清的构（建）筑物（如房角、电杆等）无法准确定位时，务必在相应位置上作"A"标记，以便外业补测。

采集时，应做到不变形、不移位、无错漏。采集线状地物时，按照线型定位线进行采集。在立体模型采集时，尽量采集可判绘到的每一条线、每一个点，以便为外业提供更多作业依据。当有植被覆盖的地表，无法看清地面时，做出标记，绘出范围，由外业增加高程注记点密度，测绘等高线。

数据采集结束，经检查后，打印两套纸图供外业调绘、修测和补测。

2. 采集地形要素

要素采集依次按照水系、居民地、交通、工矿、管线、境界、地貌土质、植被的顺序采集。所有要素的颜色必须按照分类编码表中的颜色给定，不允许采用随层方式，所有地物的线型必须使用分类编码表中的线型名称，不允许使用随层方式。结果如图 8-7 所示。

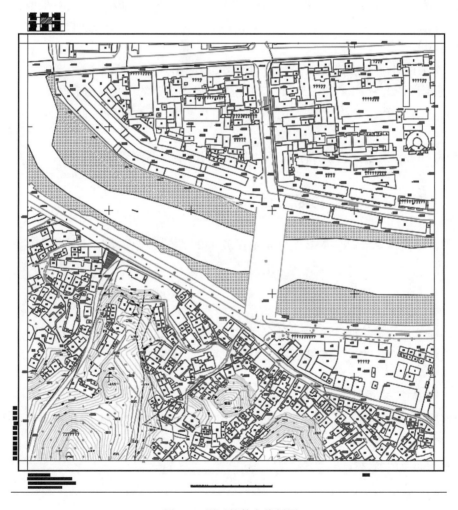

图 8-7　测区的数字线划图

任务 8.6　外业调绘及补测

8.6.1　调绘要求

(1)本次调绘采用先内后外的顺序，先由内业按立体模型采集地物要素，打印纸图后，再进行外业调绘及补测新增地物。

(2)采集完成后，打印两套(一套套合航摄影像供现场调绘、一套供清绘)采集原图，由外业调绘人员带到野外现场进行全面、全要素调绘。

外业调绘时，要对所有地物地貌进行定性，补调隐蔽、新增和内业漏采地物，纠正内业采集在定性、定位方面的错误。内业采集在模型上不清或不确定时所做的标记"A"，需要调绘核实。

(3)本测区外业调绘执行《国家基本比例尺地图图式第一部分：1∶500　1∶1000 1∶2000地形图图式》(GB/T 20257.1—2007)及本设计规定的简化符号和注记。

(4)二外要做到"三清"(站站清、片片清、天天清)、"四到"(跑到、看到、问到、画到)。

(5)二外要求判读准确、描绘清楚、注记简明清晰、图面整洁。

8.6.2　本项目调绘的关键问题

影像调绘具体要求参见本书项目4中任务4.2"调绘影像"，针对本项目的特殊情况列举如下：

1. 水系及附属设施

本区河流均为常年河，不表示时令河或干河床。本区河流、湖泊、池塘等水质均为淡水，外业不再调注水质。本区河流均为外流河，也不调注河流类型。

2. 居民地及设施

本区房屋一般不综合，应逐个表示。不同层数、不同高度、不同建筑材料、不同形状的房屋需分别独立表示。房屋的凹凸拐角处，图上超过 0.4mm 时要表示，简易房屋超过图上 0.6mm 时要表示。

3. 境界

本测区境界不调绘。

合 法 航 飞

随着科技的发展，我国无人机技术发展迅猛，但无人机"黑飞"事件却频繁发生，给我国造成了不必要的损失。所谓的无人机"黑飞"，是指驾驶人员没有取得无人机驾驶执照；或无人机没有取得适航证，没有获得市场准入资格，形象地讲，相当于汽车没有行驶本；或是飞行前没有申报飞行计划，飞行空域没有得到有关职能部门批准。

无人机"黑飞"事件存在严重安全隐患。它的直接危害是严重扰乱空中交通管制，危害空中交通安全。就像地面交通一样，如果没有一系列的交通法规加以规范，没有大量的交警指挥管制，就不会有行车的顺畅安全。天空广阔，飞机速度快，空中交通管理必须建立在有计划、有秩序的基础上。

"黑飞"事件还可能危及人民群众生命财产安全，扰乱社会治安。民用无人机无论轻重，从几十米、一百多米的空中掉下来，都可能造成人员伤亡。以娱乐为目的的无人机所有者，更喜欢在公园等人多的地方"黑飞"，可能造成的危险是不言而喻的。更严重的是，"黑飞"可能危害国家安全。2013 年 12 月 28 日，北京一家不具备航空摄影测绘资质的公司，在没有申请空域的情况下，擅自安排人员操纵无人机升空进行测绘，随即导致多架次民航班机避让、延误，最后被空军雷达及时监测发现，由两架空军直升机拦截后迫降。2015 年 11 月 17 日，空军及时处置了一起在河北涿州发生的无人机"黑飞"事件。成都双流机场的多起无人机扰航案更造成了上百架航班备降、返航、延误，上万名旅客滞留机场的严重后果，危害程度空前。

以上案例告诫我们：①依照国家规定，无人机应实行实名登记管理制度；②无人机飞行前必须预先提出申请，经批准后方可飞行，未经批准的飞行活动，依照《中华人民共和国飞行基本规则》等法律法规的规定，一律属违法违规行为；③根据相关规定，在大型活动场所、公民聚居区、车站、港口、学校、医院等人员密集区域附近严禁无人机飞行，遇有重大节日或者重大活动期间的空域管控，以政府部门公告为准。

总之，我们在进行无人机测绘时必须做到，飞手应该有无人机驾驶员合格证，无人机应该完成实名登记，飞行前必须报备。行业内有句老话"安全无小事"，每一位飞手都应该时刻保持一颗充满敬畏的心，杜绝黑飞，做到合法飞行，这不仅是为了他人，更是为了自己。

附录　航空摄影测量技术设计书案例

1　项目概述

1.1　任务来源

××市自然资源和规划局拟在市区范围内实施数码航空摄影，范围覆盖面积约××平方公里(其中陆域面积约××平方公里，水域面积约××平方公里)。利用项目航飞资料生成覆盖全市 1∶1000 的数字正射影像图(DOM)、数字表面模型(DSM)、数字高程模型(DEM)。

1.2　项目内容和目标

项目具体工作内容为获取测区范围内约××平方公里数字航空影像数据(其中陆域面积××平方公里，地面分辨率 0.1 米；水域××平方公里，地面分辨率 0.2 米)。

1.3　项目范围

本次项目范围为××市，包含××个区。数字航空摄影及 DSM、DEM、DOM 范围为：××市全域，东经×°×′×″~×°×′×″、北纬×°×′×″~×°×′×″之间，面积约为××平方公里。

1.4　项目完成期限

(1)航摄进度安排：××××年××月至××月；
(2)所有成果资料必须于××××年××月前提交。

2　测区自然地理概况与已有资料情况

2.1　测区自然地理概况

2.1.1　测区地形及气候
××市地貌特征以平缓平原为主，属于亚热带季风海洋性气候，测区相对湿度较大，外业航摄人员需注意航摄仪器防潮，设备预热等工作。

2.1.2 测区交通

（1）航空

项目范围内有 1 个国际机场，于××××年××月××日正式开通民用航班。

（2）铁路

截至××××年末，××市有 5 个铁路客运站及 1 个货运西站。

（3）公路

×××市公路总里程×××千米，有×××个长途客运站。

2.1.3 测区空域

项目涉及的空域由×××空军管辖，民航属×××管理局，准许飞行批文在有效期之内。从气候条件、空域条件、地貌条件等综合分析，本地区在《国家基础测绘航空摄影地区困难类别》中属于Ⅲ类区。

2.2 已有资料情况

2.2.1 地形图资料

已有 1∶5 万矢量地图资料，数据是 shp 格式，采用 WGS84 地理坐标系。

2.2.2 地形资料

利用 1∶1 万 DEM 数据作为航摄技术设计的地形依据，以保证航摄重叠度和分辨率要求。

2.2.3 已有控制资料

CORS 系统覆盖整个测区，摄区内任意位置与最近基站距离为 30 千米，可以用于 POS 数据解算和像片控制点联测。

3 引用文件

《航空摄影技术设计规范》等，以及本项目生产合同。

4 成果主要技术指标和规格

4.1 成图的基本规定

4.1.1 测绘基准

坐标系统采用 2000 坐标系，高程基准采用 1985 国家高程基准。

4.1.2 分幅与文件名编号

采用 CGCS2000 坐标系 1∶2000 地形图图幅西南角坐标值的整公里数编号（以百米为单位），X 坐标（4 位）在前，Y 坐标（4 位）在后，格式如：05500430。

4.2 工作内容及精度

4.2.1 航空摄影

项目拟采用真彩色数字航摄仪进行航空影像，所有影像获取间隔累计不超过 60 天。

（1）航摄时间的选择

航摄季节和航摄时间的选择原则：航摄季节选择摄区最有利的气象条件，航摄时间既要确保具有足够的光照度，又要避免过大的阴影。

（2）飞行质量

①覆盖保证：平行于摄区边界线的首末航线一般敷设在摄区边界线上或边界线外，确保摄区边界实际覆盖不少于像幅的 30%；航向覆盖超出摄区边界线至少一条基线。

②像片重叠度：陆域范围航向重叠度不低于 70%，水域范围航向重叠度不低于 60%；陆域范围旁向重叠度不低于 40%，水域范围旁向重叠度不低于 35%。

③像片倾斜角：像片倾斜角一般不大于 2°，最大不应大于 4°。

④像片旋偏角：旋偏角一般不大于 15°，在确保像片航向和旁向重叠度符合规范要求的前提下，最大不应大于 25°；在一条航线上达到或接近最大旋偏角限差的像片数不得连续超过三片；在一个摄区内出现最大旋偏角的像片数不得超过摄区像片总数的 4%。

⑤像片弯曲度：航线弯曲度一般不大于 1%，当航线长度小于 5000m 时，航线弯曲度最大不大于 3%。

⑥航高保持：同一航线上相邻像片的航高差不应大于 30m，最大航高与最小航高之差不得大于 50m；航摄分区内实际航高与设计航高之差不大于设计航高的 5%。

（3）影像质量

①影像应清晰，层次丰富，反差适中，色调柔和；能辨认出与地面分辨率相适应的细小地物影像，能建立清晰的立体模型。

②影像上不应有云、云影、烟、大面积反光、污点等缺陷。虽存在少量缺陷，但不影响立体模型的连接和测绘，可用于测制线划图。

③确保因飞机地速影响，曝光瞬间造成的像点位移一般不应大于 1 个像素，最大不应大于 1.5 个像素。

④拼接影像应无明显模糊、重影和错位现象。

⑤融合形成的高分辨率彩色影像不应出现明显色彩偏移、重影、模糊现象。

（4）IMU/GNSS 解算精度指标（略）

（5）补摄要求

航摄中出现的相对漏洞和绝对漏洞均应及时补摄，应采用前一次航摄飞行的航摄仪补摄，漏洞补摄应按原设计要求进行，补摄航线的两端应超出漏洞之外一条基线。

4.2.2 控制点精度

平高控制点相对于附近起算点的平面位置中误差不得超过表1规定。

表1 外业控制点精度要求 （单位：m）

比例尺 / 中误差	平地		丘陵地	
	平面	高程	平面	高程
1∶1000	0.12	0.1	0.12	0.1

4.2.3 空三加密成果要求

空三加密平差计算限差要求见表2。

表2 空三加密平差计算限差 （单位：m）

点别	平面位置限差	高程限差
基本定向点	0.3	0.2
检查点	0.5	0.28
公共点	0.8	0.56

空三立体测图文件要求提供 RGB 和全色两种数据格式，成果满足 1∶1000 地形图测图精度要求，满足 VirtuoZo、航天远景等主流测图软件的使用要求。

图上地物点对邻近野外控制点的平面位置中误差不应大于表3的规定。

表3 地形图测图平面位置中误差 （单位：m）

比例尺	地形类别	
	平地、丘陵地	山地、高山地
1∶1000	0.6	0.8

高程精度要求如下：

①各类控制点的高程值符合已测高程值；

②高程注记点、等高线对邻近野外控制点的高程中误差不应大于表4的规定。

表4 地形图测图高程中误差 （单位：m）

比例尺	要素	地形类别			
		平地	丘陵地	山地	高山地
1：1000	高程注记点	0.2(0.4)	0.5	0.7	1.5
	等高线	0.25(0.5)	0.7	1.0	2.0(地形交换点)

5 设计方案

5.1 项目总体技术路线(见图1)

5.1.1 项目准备

项目的批文申请、空域申请、机场协调、设备进场以及飞行实施前的试飞工作、航线设计、摄区踏勘等工作流程见图2。

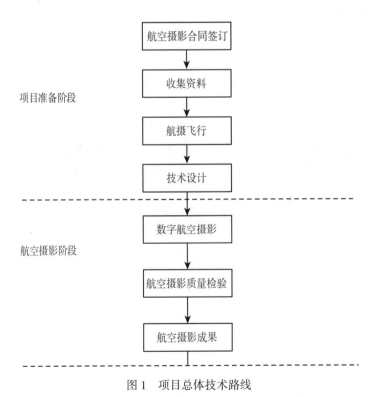

图1 项目总体技术路线

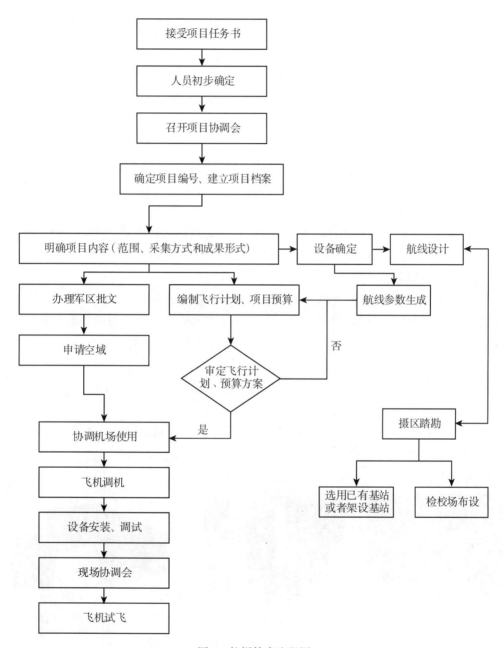

图 2　航摄技术流程图

5.1.2　航空摄影

航空摄影采用 IMU/GNSS 辅助 Ucxp-wa 数字航摄仪进行数字影像的获取，利用 IMU 系统自带数据处理软件 POSPac MMS，输出 POS 成果数据，用于摄影测量空三数据解算。

5.1.3 控制测量

采用网络 RTK 进行像控点测量。当像主点、标准点位落水时，利用检校后的 POS 数据直接定向，进行空三加密。

5.1.4 空三加密

使用 INPHO 软件进行空三加密，同步配备 VirtuoZo、MapMatrix 检查软件，对比检查加密成果。

5.1.5 编制 DEM、DSM、DOM

DSM 编制：在 INPHO、MapMatrix 软件下自动匹配，再进行人工编辑。

DEM 编制：在 DSM 基础上，通过点云分类、过滤人工建筑物、树等高程信息，得到 DEM。

DOM 编制：对各个模型进行影像重采样，把中心投影转换为垂直投影，得到单模型的正射影像。再经调色、镶嵌、裁切、图廓整饰等步骤，生成标准分幅的 DOM。

5.1.6 质量监督

按照本单位质量控制实施办法，实行二级检查一级验收制度，即依次通过作业部门的过程检查、质量管理部门的最终检查和生产委托方的验收。每级检查应有明确的检查内容和要求，还应有相应的记录和报告。各级检查独立进行，不得省略或代替。

5.2 航空摄影技术方案

5.2.1 仪器设备

综合考虑摄区的地形地貌、空域协调、气候等情况，计划使用两套设备进行航摄（见图 3~图 5）。

图 3　P750 飞机　　　图 4　Ucxp-wa 航摄仪　　　图 5　POS AV510 导航系统

（1）机场与机型

项目计划选用 P750 飞机，驻场于××机场实施航摄。领航采用高性能导航 GNSS，地面数据处理基地为××市。

（2）数字航摄仪

项目计划选用 Ucxp-wa 框幅式数字航摄仪进行航空摄影。

（3）IMU/GNSS 组合导航系统

项目使用 POS AV510 系统。POS AV510 可与 DMC 系列航摄仪、UC 系列航摄仪等组合使用，以获取航空摄影的 6 个外方位元素。

5.2.2　航摄设计

（1）航摄分区

项目按照地面分辨率要求：陆域 0.1m、水域 0.2m，进行分区。

（2）航高确定

应用公式：
$$H = \frac{f \times \text{GSD}}{a}$$

式中：H 为飞行高度，f 为镜头主距，a 为像元尺寸，GSD 为地面分辨率。

项目采用的 Ucxp-wa 航摄仪相机主距 70mm，像元尺寸 6μm，影像地面分辨率要求优于 0.1m 和 0.2m。

当地面分辨率为 0.1m，相对航高为 1167m；地面分辨率为 0.2m，相对航高为 2333m。

（3）航线设计

①设计原则：

a. 平行于摄区边界线的首末航线一般敷设在摄区边界线上或边界线外，确保摄区边界实际覆盖不少于像幅的 30%。航向覆盖超出摄区边界线至少一条基线。见图 6。

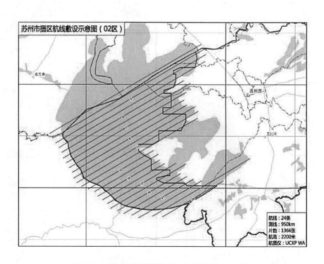

图 6　测区航线敷设示意图（02 区）

b. 结合摄区特点和空域条件，考虑工作量和工作效率，航线设计为东西向敷设。

c. 陆域航向重叠度不小于 70%，旁向重叠度不小于 40%；水域航向重叠度不小于 60%，旁向重叠度不小于 35%。

d. 每条航线飞行时间不超 30min，以保证整个航空摄影系统获得最佳的采集数据。

②设计方案：

a. 陆域部分(01 分区)航线按东西向敷设，采用 Ucxp-wa 航摄仪，飞行高度 900m，旁向重叠度 45%，航向重叠度 73%，航线间隔 897m。对于高层建筑密集区，进行航线加密：旁向重叠度 48%，航向重叠度 80%。预计航线 138 条，获取像片 31156 张。

b. 水域部分(02 区)采用近西南-东北方向敷设航线，飞行高度 2200 米，旁向重叠度为 36%，航向重叠度为 65%，预计航线 24 条，获取像片 1366 张。

（4）航摄因子计算表(见表5)

表 5　航摄因子计算表

分区编号	01(001—138 线)	01(139—144 线)	02	合计
面积(km²)	3615	0	1275	4890
要求地面分辨率(m)	优于 0.1	优于 0.1	优于 0.2	
焦距(mm)	70	70	70	
飞行方向(°)	90/270	90/270	64/244	
最高点高程(m)	340	150	120	
基准面高程(m)	100	100	100	
最低点高程(m)	0	0	0	
平均平面上航高(m)	800	800	2100	
绝对航高(m)	900	900	2200	
最高点 Q_y(%)	21.4	44.5	35.4	
基准面 Q_y(%)	45	48	36	
最低点 Q_y(%)	51.1	53.8	38.9	
航线间隔 D_y(m)	648	613	1980	
最高点 P_x(%)	61.4	78.7	64.7	
基准面 P_x(%)	73	80	65	
最低点 P_x(%)	76	82.2	66.6	
基线长 B_x(m)	208	154	708	
航线数量(条)	138	6	24	168
航线长度(km)	6338	86	950	7374
航片数量(张)	30594	562	1366	53522
最高点地面分辨率(m)	0.048	0.056	0.1783	
基准面地面分辨率(m)	0.0686	0.0686	0.18	

（5）航空摄影领航数据表（见表6）

表6 航空摄影飞行时间计算表

序号	项目	数量	备注
1	摄区摄影时间(h)	45	
2	日平均摄影时间(h)	3	
3	摄影架次(次)	15	
4	到达摄区平均距离(km)	80	
5	一次往返飞行平均时间(h)	0.5	
6	往返飞行总时间(h)	6.5	
7	航摄辅助飞行时间(h)	0.5	
	(a)试验飞行(含视察飞行)(h)	0.2	
	(b)气象飞行(h)	0.3	
	(c)调机飞行(h)	0	
8	航摄飞行总时间(h)	52	
9	预计停场时间(天)	75	

5.2.3 检校场设计

（1）检校场航线敷设

检校场布设在机场的北方向。摄区基准面设置2条相邻平行航线，每条航线不少于10个像对，航向和旁向重叠均不少于60%设计；检校场周边布设平高控制点，不少于6个，点位与像片边缘不少于1.5cm；检校场区域内布设平高点检核，不少于2个。

（2）检校场像控点、检查点选取

检校场像控点、检查点应清晰成像、精确定位、GNSS施测方便，且位于成像的重叠区。若踏勘发现无法选择满足要求的点位，则应布设人工标志，形状如图7所示，标志大小满足在航摄影像上准确辨认和量测，且采取必要措施确保航摄期间所有标志完好无损。

（3）检校场像控点、检查点测量

图7 标志示意图

检校场像控点、检查点的测量与外业控制测量的施测、整饰方法相同。

（4）检校场航摄方案

开始航摄时，首先进行检校场航摄。检校场航摄地面分辨率与摄区尽量一致。当机载 IMU/GNSS 系统或航摄仪发生外力碰撞、重新安装、气候变化较大或航摄间隔时间较长等情况时，可能引起系统间相对空间关系发生变化，则重新航摄检校场。

（5）CORS 基站使用

CORS 站点已投入使用，且分布均匀、运行良好，完全能够满足本摄区的使用需求。

5.2.4　航空摄影执行要求

飞机停机位四周应视野开阔，视场内障碍物的高度角不大于 20°。IMU/GNSS 辅助航空摄影飞行满足《1：5000　1：10000　1：25000　1：50000　1：100000 地形图航空摄影规范》（GB/T 15661—2008）和《国家基础航空摄影补充技术规定》中对飞行和摄影质量的要求。

5.2.5　数据预处理（略）

5.2.6　补摄和重摄

（1）航空摄影补摄要求

采用前一次航摄飞行的航摄仪补摄，航摄中出现的相对漏洞和绝对漏洞均应及时补摄，漏洞补摄应按原设计要求进行，补摄航线的两端应超出漏洞之外一条基线。

（2）POS 数据补摄要求（略）

5.2.7　航摄成果整理

（1）航片整理

①航片编号：航片编号由 12 位数字构成，以航线为单位流水编号。航片编号从左到右 1~4 位为摄区代号、5~6 位为分区号、7~9 位为航线号、10~12 位为航片流水号，按照航线设计自西向东为编号增长方向，同一航线内的航片编号不允许重复。当有补飞航线时，补飞航线的航片流水号在原流水号基础上加 500。

②数据存储（略）。

（2）航片输出片整理

航片输出片以电子格式输出。输出片幅面尺寸为高 20cm、宽 14cm，按比例缩放到 A4 幅面。输出片上标注编号，编号与航片编号保持一致。东西方向飞行，在输出像片西北角标注，字头统一朝北；南北方向飞行，在东北角标注，字头统一朝东；其他方向飞行，在影像相对于实地近北或近东方向标注。航片输出片的主点用红色"＋"表示，像片在航向和旁向两侧边缘加画中线。

（3）IMU/DGNSS 数据整理

IMU/DGNSS 数据处理结束后，以测区为单位，整理出包括每张像片的外方位元素成果表，一般以 Excel 文件格式存储，同时提供数据格式说明。

5.2.8　成果检查

按照《测绘成果检查与验收》（GB/T 24356—2009）规定的技术要求和技术指标，对摄区范围、飞行质量和数据质量进行结果分析、质量检查和评价分析，编写成果检查报告。

（1）范围检查

摄区边界保证航向覆盖超出测区边界线不少于一条基线（2片），旁向超出测区边界不少于像幅的30%。分区边界线覆盖应满足分区各自满幅的要求。

（2）飞行质量检查

使用航空摄影飞行质量自动检查系统。若需核查，则由人工在 Photoshop 软件中完成。

①像片重叠度：将相邻两张像片按中心附近不超过2cm的地物点重叠，量取重叠部分的宽度，此宽度与单张相片宽度的比值即为重叠度。如果航摄区为山区，则按像主点连线附近不超过1cm的地物重叠宽度计算。

②像片倾斜角：使用航空摄影飞行质量自动检查系统根据外方位元素成果进行检查。

③像片旋偏角：打开相邻像片，标出像主点位置，按主点附近的地物将两张像片重合，然后量测出像主点连线与航线方向的2个夹角，以其中较大的那个夹角为旋偏角。

④航线弯曲度：量测出航线两端像主点间的直线长度 L 和偏离此直线最远的像主点到该直线的距离 ΔL，ΔL 与 L 的百分比即为航线弯曲度。

⑤航高保持：使用航空摄影飞行质量自动检查系统自动计算出相邻像片之间的航高差、设计航高与实际航高之间的航高差、每条航线最大航高与最小航高之间的航高差。

⑥检校场检查：检校场的航摄飞行按照设计方案进行。

（3）影像质量检查

影像应清晰、层次丰富，反差适中，色调柔和；应能辨认出与地面分辨率相适应的细小地物影像，能够建立清晰的立体模型。影像上不应有云、云影、烟、大面积反光、污点等缺陷。虽然存在少量缺陷，但不影响立体模型的连接和测绘时，仍可用于测制线划图。因飞机地速的影响，曝光瞬间造成的像点位移一般不应大于1个像素，最大不应大于1.5个像素。拼接影像应无明显模糊、重影和错位现象。融合形成的高分辨率彩色影像不应出现明显色彩偏移、重影、模糊等现象。

（4）POS 数据质量检查（略）

（5）附件质量检查（略）

6 质量检查与控制

项目成果质量检查严格按照《测绘成果质量检查与验收》（GB/T 24356—2009）的要求执行。采用"二级检查，一级验收"的质量管理措施，检查通过后，方可上交业主单位验收。

①飞行计划：由经验丰富的专业人员完成设计，并由公司总工负责审批。

②激光检校：检校方案由市自然资源和规划局与公司的专家团队共同评审。

③数据获取：由公司技术最强的操作员负责飞行和地面基站数据的获取，飞行机组人员严控飞行速度及转弯坡度。

④数据处理：结合项目精度要求，由公司数据处理部门和质量控制部门严格按照数据处理流程，层层严控、反复处理、步步验证，做到处理完一批数据、完整移交一批数据。

⑤数据处理、保存和移交严格按照《中华人民共和国安全保密法》执行。

7 环境、职业健康及安全保证措施(略)

8 项目进度保证(略)

9 保密措施(略)

10 资料移交

在本项目结束后，根据用户需要，按照用户范围提供以下成果及相关资料。

10.1 文本资料

提交成果清单，技术设计书、项目实施方案，航摄质量鉴定报告书、保密审查报告书，技术总结、质检报告，项目成果说明书。所有资料均应同时提供纸质稿和电子文档各1套。

10.2 电子数据文件(以移动硬盘为媒质提交2套)

航空摄影像片控制点、航摄缩影图(TIFF格式)、成果接图表(DWG格式)，所有电子数据均需提供2000国家大地坐标系。

本书数字资源索引

参 考 文 献

[1]王敏. 摄影测量与遥感[M]. 武汉：武汉大学出版社，2011.

[2]邹晓军. 摄影测量基础[M]. 郑州：黄河水利出版社，2008.

[3]林卉，王仁礼. 摄影测量学基础[M]. 中国矿业大学出版社，2013.

[4]丁华. 摄影测量学基础[M]. 北京：清华大学出版社，2018.

[5]张剑清，潘励，王树根. 摄影测量学[M]. 武汉：武汉大学出版社，2003.

[6]杨可明. 摄影测量学[M]. 北京：中国电力出版社，2011.

[7]李治娟，孟俭. 浅谈用 MapMatrix 制作数字正射影像图的方法[J]. 无线互联科技，
2012(11).

[8]李学清，李菊绘，薛锋锋，熊娟娟. 数字正射影像图的制作[J]. 测绘技术装备，
2014，1(16).

[9]周陈耀. 基于 MapMatrix 的数字线划地图制作[J]. 江西测绘，2018(4).

[10]李玲，黎晶晶. 摄影测量与遥感基础[M]. 北京：机械工业出版社，2014.

[11]中华人民共和国国家质量监督检验检疫总局. GB/T 19294—2003 航空摄影技术设计
规范[S]. 北京：中国标准出版社，2004.

[12]朱凌. 摄影测量基础[M]. 北京：测绘出版社，2018.